观赏树木

识别手册

南方本

卓丽环　赵　锐　主编

中国林业出版社

图书在版编目（CIP）数据

观赏树木识别手册（南方本）／卓丽环，赵锐主编．—北京：中国林业出版社，2014.10 （2024.9 重印）
全国林业职业教育教学指导委员会高职园林类专业工学结合“十二五”规划教材
ISBN 978-7-5038-7564-9

Ⅰ．观… Ⅱ．①卓… ②赵… Ⅲ．①园林树木－高等职业教育－教材 Ⅳ．①S68

中国版本图书馆CIP数据核字（2014）第138502号

中国林业出版社·教育出版分社

策划编辑：康红梅 田 苗
责任编辑：田 苗 康红梅
出版发行 中国林业出版社（100009 北京西城区德内大街刘海胡同 7 号）
E-mail：jiaocaipublic@163.com 电话：（010）83224477
http:// lycb. forestry.gov. cn
经　　销 新华书店
印　　刷 北京中科印刷有限公司
版　　次 2014 年 10 月第 1 版
印　　次 2024 年 9 月第 6 次印刷
开　　本 889mm × 1260mm 1/64
印　　张 4.6875
字　　数 195 千字
定　　价 32.00 元

《观赏树木识别手册》（南方本）编写人员

主　　编　卓丽环　赵　锐

副 主 编　张　琰　汪成忠

编写人员　（按姓氏拼音顺序）

裴淑兰（山西林业职业技术学院）

汪成忠（苏州农业职业技术学院）

赵　锐（云南林业职业技术学院）

张　琰（上海农林业职业技术学院）

张学星（云南省林业科学院）

卓丽环（上海农林业职业技术学院）

前 言

《观赏树木识别手册》是全国林业职业教育教学指导委员会高职园林类专业工学结合“十二五”规划教材《观赏树木》的配套教材，分为南方本和北方本。树种选择以园林上常用种为主，适当增加国内外引进栽培成功且发展前景较好的观赏树种。全书采用彩色实拍照片，与《观赏树木》教材中的线条图互为补充。识别特征描述力求准确、易懂、简练，并注意关键识别特征和相似种主要区别的描述，以便于记忆，有助于学习掌握和实习应用。

本书由卓丽环、赵锐担任主编，卓丽环负责统稿并指导编写，赵锐负责图片、文字收集与整理、校对与修改等工作，具体分工如下：张琰负责裸子植物部分及被子植物榆科、杨柳科、蝶形花科、禾本科等10个科约64个种的文字编写及相应种的图片拍摄；汪成忠负责被子植物夹竹桃科、茄科、马鞭草科、五加科等24个科约64个种的文字编写及相应种的图片拍摄；赵锐负责木兰科、樟科、桑科、蔷薇科、木犀科、棕榈科等29个科共130多个种的文字编写，相应部分的图片拍摄主要由张学星和赵锐完成，裴淑兰负责图片校对和补充完善工作。

本书遵循科学、简洁、适用的原则，全书共收集70科166属368种（含变种、变型和品种）观赏树木。对观赏种类较多的属，增加该属主要特征描述。为了便于携带，减少篇幅，对同属中形态相似的种以“【附】”的形式编排，仅描述与前面种的区别特征，未列入树种目录。树种编排与《观赏树木》教材（按观赏特性分类）有所区别。裸子植物按郑万钧系统编排，被子植物按克朗奎斯特1981年系统编排，有利于知识的拓展，方便在树木园、植物园、科属专类园等地实际应用。

由于编者水平有限，疏漏与不当之处在所难免，敬请读者提出宝贵意见。

编　者

2014年2月

目录

前言

苏　铁　1
银　杏　2
南洋杉　3
金钱松　4
雪　松　5
黑　松　6
云南松　7
华山松　8
日本五针松　9
湿地松　10
柳　杉　11
北美红杉　12
落羽杉　13
池　杉　14
水　杉　15
侧　柏　16
罗汉柏　17
日本扁柏　18
圆　柏　20
铺地柏　22
翠　柏　23
罗汉松　24
竹　柏　25
南方红豆杉　26
紫玉兰　27
玉　兰　28
二乔玉兰　29
望春玉兰　30
广玉兰　31
山玉兰　32
厚　朴　33
木　莲　34
红花木莲　35
白兰花　36
含　笑　37
云南含笑　38
深山含笑　39
乐昌含笑　40
醉香含笑　41
云南拟单性木兰　42
鹅掌楸　43
北美鹅掌楸　44
蜡　梅　45
樟　树　46
黄　樟　47
天竺桂　48
滇润楠　49
紫　楠　50
檫　木　51
香叶树　52
铁线莲　53
小　檗　54
十大功劳　55
南天竹　56
木　通　57
英　桐　58

目录

檵　木 59
枫　香 60
马蹄荷 61
杜　仲 62
榔　榆 63
榉　树 64
朴　树 65
珊瑚朴 66
桑　树 67
构　树 68
木菠萝 69
无花果 70
印度橡皮树 71
菩提树 72
高山榕 73
黄葛榕 74
榕　树 75
垂叶榕 76
地石榴 77
枫　杨 78
牡　丹 79
杨　梅 80
叶子花 82
山　茶 84
茶　梅 85
厚皮香 86
猕猴桃 87
金丝桃 88
金丝梅 89
杜　英 90
山杜英 91
水石榕 92
梧　桐 93
木　槿 94
扶　桑 95
木芙蓉 96
山桐子 97
柽　柳 98
加　杨 99
垂　柳 100
杜鹃花 101
锦绣杜鹃 102
比利时杜鹃 103
马缨杜鹃 104
柿　树 105
海　桐 106
绣球花 107
粉花绣线菊 108
玫　瑰 109
月　季 110
蔷　薇 112
木　香 113
‘紫叶’李 114
梅 115
樱　花 116
桃 118
冬樱花 119
日本晚樱 120
棣　棠 121
平枝栒子 122
火　棘 123
云南山楂 124
枇　杷 125
西南花楸 126
石　楠 127
‘红叶’石楠 128
椤木石楠 129
球花石楠 130
牛筋条 131
贴梗海棠 132
西府海棠 133
垂丝海棠 134

台湾相思 135
银荆树 136
黑荆树 137
朱缨花 138
紫　荆 139
湖北紫荆 140
红花羊蹄甲 141
黄　槐 142
双荚决明 143
光叶决明 144
凤凰木 145
槐　树 146
刺　桐 147
鸡冠刺桐 148
乔木刺桐 149
紫　藤 150
常春油麻藤 151
胡颓子 152
佘山胡颓子 153
银　桦 154
紫　薇 155
细叶萼距花 156
瑞　香 157
结　香 158
红千层 159
千层金 160
石　榴 161
展毛野牡丹 162
蓝果树 163
喜　树 164
珙　桐 165
灯台树 166
红瑞木 167
四照花 168
头状四照花 169
桃叶珊瑚 170
东瀛珊瑚 171
大叶黄杨 172
枸　骨 174
冬　青 176
大叶冬青 177
‘龟甲’冬青 178
黄　杨 179
雀舌黄杨 180
乌　桕 181
山麻杆 182
一品红 183
铁海棠 184
紫棉木 185
红背桂 186
变叶木 187
重阳木 188
爬山虎 189
五叶地锦 190
复羽叶栾树 191
无患子 192
七叶树 193
三角枫 194
青榨槭 195
鸡爪槭 196
黄连木 198
清香木 199
香　椿 200
川　楝 201
楝　树 202
米仔兰 203
八角金盘 204
常春藤 205
中华常春藤 206
鹅掌柴 207
灰　莉 208
夹竹桃 209

黄花夹竹桃 210
'鸡蛋花' 211
红皱藤 212
长春蔓 213
大纽子花 214
大花曼陀罗 215
海州常山 216
马缨丹 217
桂　花 218
刺　桂 219
尖叶木犀榄 220
流苏树 221
女　贞 222
小叶女贞 223
小　蜡 224
金叶女贞 226
迎　春 227
素馨花 228
雪　柳 229
毛泡桐 230
泡　桐 231
梓　树 232
楸　树 233
滇　楸 234
蓝花楹 235
硬骨凌霄 236
美国凌霄 237
炮仗花 238
栀　子 239
六月雪 240
大花六道木 241
'红王子'锦带花 242
海仙花 243
木本绣球 244
荚　蒾 245
珊瑚树 246
忍　冬 247
金银木 248
棕　榈 249
蒲　葵 250
丝　葵 251
棕　竹 252
细叶棕竹 253
多裂棕竹 254
长叶刺葵 255
银海枣 256
软叶刺葵 257
散尾葵 258
狐尾椰子 259
鱼尾葵 260
短穗鱼尾葵 261
单穗鱼尾葵 262
董　棕 263
孝顺竹 264
佛肚竹 266
'黄金间碧'竹 267
毛　竹 268
紫　竹 269
金　竹 270
阔叶箬竹 271

参考文献 272
中文名索引 273
拉丁学名索引 283

苏　铁　*Cycas revoluta*

别名：铁树、金代、辟火蕉
科属：苏铁科苏铁属

常绿棕榈状木本。茎柱状常不分枝。大型羽状复叶集生茎端，裂片条形，边缘显著反卷。雌雄异株，雄球花圆柱形，雌球花扁球形。种子熟时红色。花期6～8月，果期10月。

树形古雅，羽状叶如孔雀开屏，叶色墨绿并具有光泽，四季常青，极具观赏性。

银　杏　*Ginkgo biloba*

别名：白果、公孙树
科属：银杏科银杏属

落叶大乔木。叶扇形，二叉脉，顶端常2裂，在长枝上互生，在短枝上簇生。雌雄异株。种子核果状，椭圆形或近球形。花期4～5月，果期9～10月。

树姿挺拔雄伟，古朴别致，叶形奇特秀美，春叶嫩绿，秋叶金黄，是著名的园林观赏树种。

南洋杉 *Araucaria heterophylla*

别名：异叶南洋杉、诺福克南洋杉
科属：南洋杉科南洋杉属

常绿乔木，树冠塔形；大枝轮生而平展，侧生小枝羽状密生而常呈V形。叶钻形，通常两侧扁，四菱状。球果较大，近球形；苞鳞的先端具急尖的三角状尖头，尖头向上弯。

【附】

肯氏南洋杉 *A. cunninghamii* 叶卵形、三角状卵形或三角状钻形，上下扁或背部具纵脊。球果椭圆状卵形；苞鳞的先端有急尖的长尾状尖头，尖头显著地向后反曲。

金钱松 *Pseudolarix amabilis*

别名：水树

科属：松科金钱松属

落叶乔木。叶条形，柔软，在长枝上螺旋状排列，在短枝上簇生。球果种鳞木质，苞鳞小。种翅与种鳞等长。花期4～5月，果期10～11月。

树姿优美，新叶翠绿，秋叶金黄，短枝上的叶辐射平展似铜钱。是观姿、观叶的好树种。

雪　松　*Cedrus deodara*

别名：喜马拉雅松

科属：松科雪松属

常绿乔木，树冠圆锥形。叶针状，在长枝上螺旋状互生，在短枝上簇生。雌雄异株，少数同株。球果直立；种鳞宽扇状，种翅宽大。花期10～11月，果期翌年9～10月。

树形优美，终年苍绿，是珍贵的庭园观赏及城市绿化树种。

松属（Pinus）：叶针形，成束着生；常绿性；球果翌年成熟，种鳞宿存，种鳞背面上方具鳞盾和鳞脐。

黑　松　*Pinus thunbergii*

别名：日本黑松、白芽松
科属：松科松属

常绿乔木。树皮黑褐色，冬芽银白色。针叶2针一束，粗硬；叶鞘宿存。球果圆锥状卵形；鳞盾肥厚；鳞脐凹下，有短尖刺；种子有长翅。花期4～5月，果期翌年9～10月。

姿态古雅，枝干多节，易盘扎造型，是著名的海岸绿化树种及制作盆景的好树种。

云南松　*Pinus yunnanensis*

别名：飞松、长毛松

科属：松科松属

常绿乔木。冬芽红褐色。针叶 3 针一束（稀 2 针一束），柔软而略下垂；叶鞘宿存。球果圆锥状卵形。花期 4 ～ 5 月，果期翌年 10 月。

四季常青，适于营造风景林及作园林观赏树种。

【变种】

地盘松 var. *pygmaea*　主干不明显，呈丛生状。针叶 2 ～ 3 针一束，较粗硬。球果常多个丛生。

华山松 *Pinus armandii*

别名：青松、五须松、云南五针松

科属：松科松属

常绿乔木，幼树树皮光滑，冬芽栗褐色。针叶，5针一束；叶鞘早落。球果圆锥状长卵形，鳞脐顶生。种子无翅，较大，可食。花期4～5月，果期翌年9～10月。

树体高大挺拔，针叶苍翠，生长快，是优良的用材及山地风景林和庭园绿化树种。

日本五针松 *Pinus parviflora*

别名：日本五须松

科属：松科松属

灌木状或小乔木。小枝有毛，冬芽黄褐色。针叶5针一束，细而短，蓝绿色；叶鞘早落。球果卵圆形，鳞脐凹下，种子具黑色斑纹。花期4～5月，果期翌年6月。

树姿优美，四季常绿，古雅美观，是制作盆景及布置假山园的材料。

湿地松 *Pinus elliottii*

科属：松科松属

常绿乔木。冬芽灰褐色。针叶2针或3针一束，粗硬；叶鞘宿存。球果鳞脐上有短刺。花期3月，果期翌年9月。

树姿挺秀，苍劲有力，叶荫浓密，是江南地区观姿、观叶的好树种。

柳　杉 *Cryptomeria fortunei*

别名：孔雀杉
科属：杉科柳杉属

常绿乔木。树皮棕红色，条状纵裂。小枝细长下垂。叶螺旋状排列成近5行，钻形，先端略内曲。雄球花黄色，雌球花淡绿色。球果近圆球形，发育种鳞多。种子近椭圆形，有窄翅。花期4月，果期10月。

树姿优美，绿叶婆娑，是良好的园林绿化树种。

北美红杉 *Siquoia sempervirens*

别名：长叶世界爷、红杉、红木杉
科属：杉科北美红杉属

常绿大乔木，树冠圆锥形。树皮赤褐色，大枝平展。冬芽尖且被芽鳞。主枝叶鳞形，侧枝叶线形，基部扭成二列。果鳞盾状。球花期11月至翌年3月，果期9月至翌年1月。

本种为树木中之巨人，树干端直，气势雄伟，寿命极长，是世界著名树木之一。

落羽杉 *Taxodium distichum*

别名：落羽松

科属：杉科落羽杉属

落叶乔木。干基膨大且具曲膝状呼吸根。大枝近平展，侧生短枝排成二列。叶扁线形互生，羽状排列，淡绿色，秋季落叶前变暗红褐色，冬季与小枝俱落。雌球花呈球形；雄球花呈椭圆形，多个形成柔荑花序。球果圆球形，被白粉。种子褐色。花期 3 ～ 4 月，果期 10 月。

树形整齐美观，羽状叶丛秀丽，秋叶红褐色，是世界著名的园林树种。

池　杉 *Taxodium ascendens*

别名：池柏、沼柏
科属：杉科落羽杉属

落叶乔木。树皮纵裂成长条片状脱落。大枝向上伸展，二年生枝褐红色，脱落性小枝常直立向上。叶锥形略扁，螺旋状互生，紧贴小枝。球花期 3 ～ 4 月，果期 10 ～ 11 月。

树形优美，树干基部膨大，枝叶秀丽婆娑，秋叶艳褐色，是观姿及秋季观叶的好树种。

水　杉　*Metasequoia glyptostroboides*

科属：杉科水杉属

落叶乔木。大枝近轮生，小枝对生。叶条形柔软，在枝上交互对生，基部扭转排成羽状，冬季与无芽小枝俱落。雌雄同株。球花期 2 ～ 3 月，果期 10 ～ 11 月。

树干通直挺拔，春叶翠绿，秋叶棕褐色，一年四季景观变化丰富多彩，极富观赏性。

侧　柏 *Platycladus orientalis*

别名：扁柏、黄柏、香柏
科属：柏科侧柏属

常绿乔木。枝侧扁直立，两面均为绿色。叶鳞片状。果鳞先端反曲。种子无翅。花期 3 ～ 4 月，果期 9 ～ 10 月。

树冠参差，枝叶苍翠，老树枝干苍劲，气势雄伟，是绿化隔离及观姿的好树种。

【常见品种】

‘千头’柏 ‘Sieboldii’（‘Nanus’） 丛生灌木，无主干，树冠呈紧密的卵圆形。枝密，直伸。

‘金球’侧柏（‘洒金千头’柏）‘Semperaurescens’ 矮型灌木，树冠球形。叶全年金黄色。

侧柏

‘千头’柏

罗汉柏 *Thujopsis dolabrata*

别名：蜈蚣柏

科属：柏科罗汉柏属

常绿乔木灌木状。生叶小枝片平展。鳞叶宽大而厚，先端钝，枝上面叶浓绿而有光泽，下面叶有显著白色气孔群，两侧鳞叶先端内弯。果鳞木质，扁平。种子两侧有窄翅。花期 5 月，果期 9 ～ 11 月。

枝叶茂密，鳞叶绿白相映，常盆栽观赏。

日本扁柏 *Chamaecyparis obtuse*

别名：扁柏、白柏、钝叶扁柏
科属：柏科扁柏属

常绿乔木。鳞叶先端钝，肥厚，两侧鳞叶对生成“Y”形，且远大于中间鳞叶。花期4月，果期10～11月。

树冠丰满，枝条下垂，许多品种具有特殊的枝形、树形和叶色，与日本花柏、罗汉柏、日本金松同为日本珍贵名木。

【常见品种】

‘孔雀’柏‘Tetragona’ 生叶小枝四棱状，在主枝上成长短不一的二或三列状排列，似孔雀开屏。

‘云片’柏‘Breviramea’ 树冠窄塔形，小枝片先端圆钝，片片平展如云。

圆　柏 *Sabina chinensis*

别名：桧柏、刺柏
科属：柏科圆柏属

常绿乔木。幼树常为刺形叶，上面微凹；成年树及老树以鳞叶为主，鳞叶先端钝。雌雄异株。球果肉质浆果状，近球形，被白粉且不开裂。花期 4 月，果期翌年 10 ～ 11 月。

树形优美，树冠形状变化多端，老年则干枝扭曲，奇姿古态，可独成一景，是观姿、观干及制作绿篱的好树种。

‘龙柏’

‘金星球’桧

【常见品种】

‘龙柏’‘Kaizuca’ 树冠柱状塔形，侧枝短而环抱主干，端梢扭曲斜上展，形似龙“抱柱”，叶多为鳞形。

‘金星球’桧‘Aureo-globosa’ 丛生灌木，树冠近球形，枝密生。叶多为鳞形叶，在绿叶丛中杂有金黄色枝叶。

‘塔柏’‘Pyramidalis’ 树冠圆柱状或圆柱状尖塔形。枝密生，向上直展。叶多为刺形，稀间有鳞叶。

铺地柏 *Sabina procumbens*

别名：匍地柏、偃柏
科属：柏科圆柏属

常绿匍匐灌木。小枝端向上斜展。叶全为刺形叶，灰绿色，顶端有角质锐尖头，背面沿中脉有纵槽。球果具 2 ~ 3 粒种子。花期 4 月，果期翌年 10 月。

枝叶翠绿，蜿蜒匍匐，古雅别致，夏绿冬青，是布置岩石园、制作盆景及覆盖地面和斜坡的好材料。

翠　柏 *Calocedrus macrolepis*

别名：大鳞肖楠、香翠柏、长柄翠柏
科属：柏科翠柏属

常绿乔木。小枝扁平，排成平面。鳞叶宽大而薄，表面叶绿色，背面叶有白粉；中间之叶先端尖，两侧之叶先端长尖而直伸或稍外展。球果长卵形，果鳞 3 对，仅中间一对每果鳞具 2 粒种子。种子上部具二不等长的翅。花期 3 ～ 4 月，果期 10 月。

树态优美，枝叶浓密清香，叶色浓郁，是观姿、观叶以及瓶插的好树种。

罗汉松 *Podocarpus macrophyllus*

别名：土杉、罗汉杉
科属：罗汉松科罗汉松属

常绿乔木。叶条状披针形，两面中脉明显。雌雄异株。种子核果状，着生于膨大肉质的紫红色种托上，全形如披着袈裟打坐的罗汉。花期 4 ～ 5 月，种子 9 ～ 10 月成熟。

树形秀美，树冠葱郁，四季常青，耐修剪，寿命长，在园林中宜作各种造型。久经栽培，品种较多。

竹　柏 *Nageia nagi*

别名：大叶沙木、猪油木
科属：罗汉松科竹柏属

常绿乔木。叶椭圆状披针形，对生，排成二列，厚革质，具多数平行细脉，无主脉。雌雄异株。种子生于干瘦木质种托上。花期 3 ～ 4 月，种子 10 月成熟。

干形如松，叶形如竹，枝叶青翠而有光泽，四季常青，是观姿、观叶以及室内外盆栽的好树种。

南方红豆杉 *Taxus wallichiana* var. *mairei*

别名：美丽红豆杉、观音杉、红果杉

科属：红豆杉科红豆杉属

常绿乔木。叶线形，边缘略反卷，常镰状弯曲，背面中脉与气孔带不同色，质地较厚；叶在枝上成羽状二列。种子生于红色肉质杯状的红色假种皮内。花期6～7月，种子9～11月成熟。

枝叶优美，种子假种皮鲜红色，晶莹夺目，是观叶、观果的好树种。

木兰属（*Magnolia*）：枝具环状托叶痕；单叶互生，全缘。花大，两性，单生枝顶；蓇葖果聚合成球果状，各具 1 ~ 2 种子。

紫玉兰 *Magnolia liliiflora*

别名：木兰、辛夷、木笔
科属：木兰科木兰属

落叶灌木。叶柄上的托叶痕长为叶柄的一半。花被片外轮 3 枚，披针形，黄绿色；内两轮共 6 枚，外面紫红色，内面近白色。花期 3～4 月，先叶开放或同放，果期 8～9 月。

花蕾形大如笔头，故有木笔之称，入药名为“辛夷”，为人们所喜爱的传统花木。

玉　兰　*Magnolia denudata*

别名：白玉兰、望春花、木花树
科属：木兰科木兰属

落叶乔木。叶倒卵状长椭圆形，先端突尖而短钝，基部楔形。花被片9，白色，每轮3，芳香。果圆柱形。花期2～3月，先叶开放，果期8～9月。

花大洁白，早春白花满树，十分美丽，是名贵的早春观花树种。

二乔玉兰 *Magnolia×soulangeana*

别名：朱砂玉兰
科属：木兰科木兰属

落叶小乔木。叶倒卵形，先端短急尖，基部楔形。花被片内两轮6，外面紫色稍淡，基部色较深，里面白色；外轮3，常花瓣状，但长仅达其半或等长，有时为绿色。叶前开花，花期3～4月。

二乔玉兰系玉兰与紫玉兰之杂交种，花大色艳，较玉兰、紫玉兰更耐寒、耐旱，是城市绿化的极好花木。园艺品种较多。

望春玉兰 *Magnolia biondii*

别名：望春花、迎春树、辛兰

科属：木兰科木兰属

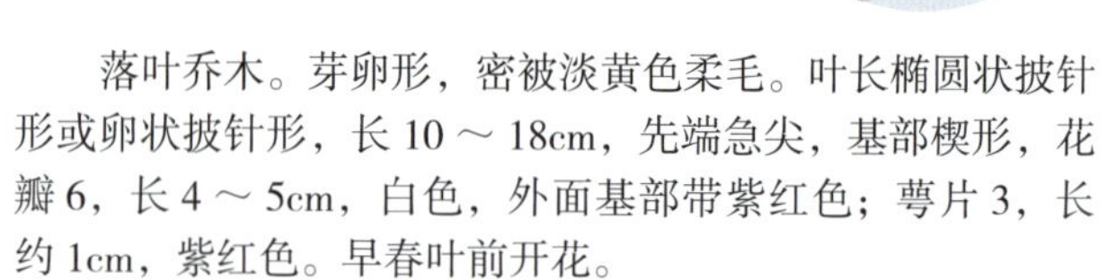

落叶乔木。芽卵形，密被淡黄色柔毛。叶长椭圆状披针形或卵状披针形，长 10 ～ 18cm，先端急尖，基部楔形，花瓣 6，长 4 ～ 5cm，白色，外面基部带紫红色；萼片 3，长约 1cm，紫红色。早春叶前开花。

树形优美，花色素雅，气味浓郁芳香，是优良的园林观赏树种。花蕾入药称“辛夷”。

广玉兰 *Magnolia grandiflora*

别名：荷花玉兰、洋玉兰、大花玉兰
科属：木兰科木兰属

常绿乔木。芽及小枝有锈色柔毛。叶厚革质，表面亮绿，背面被锈色毛。花大洁白。花期 5 ～ 7 月，果期 10 月。

叶大光亮，花大洁白，为优良的城市绿化及观赏树种。

【常见品种】

‘狭叶’广玉兰‘Exmouth’ 树冠较窄。叶较狭，背面苍绿色，毛较少。

山玉兰 *Magnolia delavayi*

别名：优昙花

科属：木兰科木兰属

常绿乔木，分枝低。叶厚革质，卵形或卵状椭圆形，初被长毛和白粉，托叶痕与叶柄等长。花被片9，花大乳白，花药淡黄色，微香。花期4～6月，果期8～10月。

树冠广阔，叶大荫浓，花大如荷，是优良的庭园观赏树。

【变型】

红花山玉兰 f. *rubra*　花粉红至红色。

厚　朴 *Magnolia officinalis*

科属：木兰科木兰属

落叶乔木。叶大，常集生枝顶，叶端具短尖或钝圆，侧脉极明显，叶背面有弯曲毛及白粉。花白色芳香，内轮花被片在花盛开时直立。聚合果上的蓇葖果先端有鸟嘴状尖头。花期5～6月，果期8～10月。

叶大荫浓，白花美丽，可作庭荫树及观赏树。树皮为著名中药。

【亚种】

凹叶厚朴 ssp. *biloba*　叶端凹入。

木莲属（*Manglietia*）：与木兰属的主要区别：木莲属每心皮具4胚珠或更多，聚合果常为球形或近球形；木兰属每心皮具2胚珠，聚合果常为长圆柱形。

木　莲　*Manglietia fordiana*

别名：黄心树

科属：木兰科木莲属

常绿乔木。嫩枝有褐色毛，皮孔及环状纹显著。叶革质，长椭圆状披针形，宽2.5～5cm，端尖，基楔形，叶缘稍内卷；叶背灰绿色或有白粉；叶柄红褐色。花白色，形如莲。聚合果卵球形。花期5月，果期10月。

树荫浓密，花果美丽，是南方园林绿化及观赏树种。

红花木莲 *Manglietia insignis*

科属：木兰科木莲属

常绿乔木。叶革质，长圆形或倒披针形（宽4～6.5cm），先端尾状骤尖，基楔形；叶背中脉被毛。花芳香，花被片9～12，基部1/3以下窄成爪状，外轮3片开展，下部黄绿色，中内轮直立，乳黄色染粉红色，聚合果卵状长圆柱形。花期5～6月，果期9～10月。

树冠伞形，枝叶密集浓郁，叶色浓绿光亮，花色艳丽，是优良的园林绿化树种。

含笑属（*Michelia*）：常绿木本，枝有环状托叶痕。单叶互生，全缘。花单生叶腋，芳香。聚合蓇葖果部分不发育。

白兰花 *Michelia alba*

别名：白兰、缅桂
科属：木兰科含笑属

常绿乔木。叶卵状长椭圆形或长椭圆形，叶柄上的托叶痕不足柄长的1/2。花浓香，花被片10以上，白色，狭长。花期4～6（9）月，果期8～10月。

为名贵的香花树种，常栽作庭荫树、观赏树。

【附】

黄兰花（黄兰、黄缅桂）*Michelia champaca* 花黄色，叶柄上的托叶痕达叶柄中部以上。

含　笑 *Michelia figo*

别名：含笑梅、山节子
科属：木兰科含笑属

常绿灌木。小枝有锈褐色茸毛。叶革质，椭圆状倒卵形，叶柄极短。花被片6，肉质、淡黄色而瓣缘带紫晕，具香蕉香气；蓇葖果先端呈鸟嘴状。花期4～6月。

绿叶素雅，其花开而不放，别具风姿，清雅宜人，是花叶兼美的芳香花木。

云南含笑 *Michelia yunnanensis*

别名：皮袋香、山栀子、十里香
科属：木兰科含笑属

常绿灌木。幼枝密生锈色绒毛。叶倒卵状椭圆形，长4～10cm，先端急尖或圆钝，基部楔形，背面幼时有棕色绒毛，后渐脱落。花白色，极香，花梗粗短。花期3～4月，果期8～10月。

四季常绿，花洁白如玉，果熟开裂时，红色的种子悬挂于丝状种柄上不脱落，颇为美丽，是深受人们喜爱的香花植物。

深山含笑 *Michelia maudiae*

科属：木兰科含笑属

常绿乔木，全株无毛。叶长椭圆形，长 7 ～ 18cm，革质而不硬，背面粉白色，网脉致密，结成细眼。花白色，径 10 ～ 12cm，花被片 9，芳香如兰花。花期 2 ～ 3（4）月。

花洁白如玉，花期长，花量多，为优良的园林观赏树种。

乐昌含笑 *Michelia chapensis*

科属：木兰科含笑属

常绿乔木。小枝无毛。叶薄革质，倒卵形，叶端突尾尖，基部阔楔形，叶柄上无托叶痕。花淡黄色，芳香，花被片 6。花期 3 ～ 4 月。

树冠圆锥形，花繁叶茂，花期长而芳香，是值得发展的园林树种。

醉香含笑 *Michelia macclurei*

别名：火力楠
科属：木兰科含笑属

常绿乔木。芽、幼枝、叶柄均被锈色毛。叶倒卵状椭圆形，先端渐尖，基部楔形，厚革质，背面被灰色或淡褐色细毛，网脉细，蜂窝状；叶柄上无托叶痕。花白色或淡黄白色，芳香，花被片 9 ～ 12。花期 3 ～ 4 月。

树干直，树形整齐美观，枝叶茂密，花多而芳香，是优良的城市绿化树种。

云南拟单性木兰 *Parakmeria yunnanensis*

别名：缎子绿豆树、缎子木兰、黄心树

科属：木兰科拟单性木兰属

常绿乔木。叶面光亮，薄革质，卵状长圆形或卵状椭圆形。两性花与雄花异株，花被片约 12，形状相似，花单生枝顶，芳香，白色。聚合果红色。花期 5 月，果期 9 ~ 10 月。

【附】

光叶拟单性木兰 *P. nitida* 叶厚革质，卵状椭圆形或卵形。花乳黄色。

鹅掌楸 *Liriodendron chinense*

别名：马褂木
科属：木兰科鹅掌楸属

落叶乔木。叶马褂形，两侧各具一凹裂，老叶背部有白色乳状突点。花黄绿色，杯状，花被片 9，花单生枝顶。聚合果由翅状小坚果组成。花期 5～6 月，果期 10 月。

树形端正，叶形奇特，秋叶黄色，是优美的庭荫树和行道树种。

北美鹅掌楸 *Liriodendron tulipifera*

别名：美国鹅掌楸
科属：木兰科鹅掌楸属

落叶大乔木，与鹅掌楸相似，主要不同点是：干皮灰褐色，纵裂较粗。叶较宽短，两侧各有 1 ~ 2 裂，偶有 3 ~ 4 裂者，侧裂较浅，叶端常凹入。花较大，似郁金香，花瓣淡黄绿色而内侧近基部，橙红色。

树形端正，叶形奇特，秋叶黄色，是优美的庭荫树和行道树种。

蜡　梅　*Chimonanthus praecox*

别名：腊梅、蜡梅花、黄梅
科属：蜡梅科蜡梅属

落叶灌木。幼枝近方形。单叶对生全缘，叶面较粗糙。花单生叶腋，花被片蜡质黄色，浓香，先花后叶。瘦果为坛状果托所包。花期 11 月至翌年 3 月，果期 4 ～ 11 月。

花开于寒月早春，黄如蜡，清香四溢，是我国特有的冬季观赏佳品。

樟属（*Cinnamomum*）：常绿木本。单叶互生，全缘。花两性，圆锥花序，花后花被早落。浆果状核果，果托盘状。

樟　树　*Cinnamomum camphora*

别名：香樟
科属：樟科樟属

常绿乔木。树皮纵裂。叶边缘波状，离基 3 主脉，脉腋有腺体，背面灰绿色。果熟时紫黑色。花期 4 ～ 5 月，果期 10 ～ 11 月。

枝叶茂密，冠大荫浓，树姿雄伟，是长江以南城市绿化的优良树种。

黄 樟 *Cinnamomum porrectum*

别名：大叶樟

科属：樟科樟属

常绿乔木。小枝有棱，全体无毛。叶革质，羽状脉，脉腋无腺体，背面明显带白色。花期3～5月，果期4～10月。

树干通直，四季常绿，是南方优良的用材和绿化树种。

天竺桂 *Cinnamomum japonicum*

别名：山肉桂、土肉桂、竺香、浙江樟

科属：樟科樟属

常绿乔木。树皮光滑，不开裂。小枝无毛。叶离基三出脉近于平行，并在表面隆起；脉腋无腺体，背面灰绿色，无毛。花期4～5月，果期7～9月。

树姿优美，枝叶茂密，四季常绿，是优良的园林造景树种。

滇润楠 *Machilus yunnanensis*

别名：滇楠、云南楠木、滇桢楠
科属：樟科润楠属

常绿乔木。小枝无毛。叶长7～9cm，先端短渐尖，基部楔形或宽楔形，侧脉7～9对，横脉及细脉网状，在两面明显构成蜂巢状小窝穴。核果，宿存的花被片反折。花期4～5月，果期6～10月。

四季常绿，春天嫩叶红艳，老叶光亮浓绿而优美，是优良的园林绿化树种。

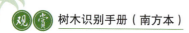

紫　楠　*Phoebe sheareri*

别名：金丝楠
科属：樟科楠木属

常绿乔木。小枝、叶及花序密被黄褐色绒毛。叶背网脉隆起。聚伞状圆锥花序，花被片短而厚，宿存并包被核果基部。花期 5 ～ 6 月，果期 10 ～ 11 月。

树姿优美，叶大荫浓，是优美的庭院绿化树种。

檫　木　*Sassafras tzumu*

别名：檫树
科属：樟科檫木属

落叶乔木。枝绿色无毛。叶端常三裂，背面有白粉。花黄色，有香气。果熟时蓝黑色，果柄红色。花期2～3月，先叶开放，果7～8月成熟。

树干通直，叶片宽大而奇特，春天黄花先叶开放，秋天叶红黄色，颇为绚丽，是良好的绿化树种。

香叶树 *Lindera communis*

别名：香油果、香果树、红果树、红油果

科属：樟科山胡椒属

常绿小乔木或灌木，小枝绿色。叶面绿色光亮，无毛；叶背灰绿色或浅黄色，被黄白色短柔毛。伞形花序具 5 ～ 8 朵花。果熟时红色。花期 3 ～ 4 月，果期 9 ～ 10 月。

叶绿果红，颇为美观，是优美的庭园绿化树种。

铁线莲 *Clematis florida*

别名：铁线牡丹、番莲、金包银、山木通
科属：毛茛科铁线莲属

落叶或半常绿藤木。2回三出复叶对生，小叶卵形至卵状披针形，全缘或有少数浅缺刻。花单生叶腋，花柄中下部具二叶状苞片；花瓣状萼片6枚，白色或淡白色，背有绿条纹，雄蕊紫色。5～6月开花。

枝叶扶疏，花大叶茂，瘦果头状并具长尾毛，风趣独特，是攀缘绿化中难得的好材料。

【常见品种】

‘重瓣’铁线莲‘Plena’ 花重瓣，雄蕊绿白色。

‘蕊瓣’铁线莲‘Sieboldii’ 雄蕊常为紫色小花瓣状。

小　檗　*Berberis thunbergii*

别名：日本小檗
科属：小檗科小檗属

落叶灌木。分枝多。枝红褐色，刺通常不分叉。叶倒卵形或匙形，常簇生，长 0.5 ～ 2cm，全缘。花小，黄白色，单生或簇生。浆果亮红色。花期 5 月，果期 9 月。

秋叶红色，果红艳可爱，是优良的观叶、观花、观果树种。

【常见品种】

‘紫叶’小檗 ‘Atropur-purea’ 在阳光充足的情况下，叶常年紫红色，为观叶佳品。

‘紫叶’小檗

十大功劳 *Mahonia fortune*

别名：狭叶十大功劳
科属：小檗科十大功劳属

常绿灌木。奇数羽状复叶，小叶 5 ～ 9(11)，狭披针形，缘有刺齿 6 ～ 13 对，硬革质，有光泽。花黄色；总状花序集生枝端。浆果蓝黑色。花期 7 ～ 8 月，果期 11 月。

花黄果紫，叶形奇特，雅典美观，用于园林绿化点缀显得既别致又富有特色。

【附】

阔叶十大功劳 *M. bealei*　侧生小叶卵状椭圆形，内侧有大刺齿 1 ～ 4，外侧有大刺齿 3 ～ 6（8），边缘反卷，顶生小叶明显较宽。

南天竹 *Nandina domestica*

科属：小檗科南天竹属

常绿灌木。2～3回奇数羽状复叶，叶轴有关节，小叶椭圆状披针形。花两性，白色，圆锥花序顶生。浆果球形，鲜红色。花期5～7月，果期9～10月。

叶开展而秀美，秋冬叶色变红，累累红果，扶摇于红绿叶之上，经久不落，为赏叶观果佳品。

木　通　*Akebia quinata*

别名：山通草、通草
科属：木通科木通属

落叶藤木。掌状复叶互生，或簇生于短枝，小叶 5 枚，全缘，先端钝或微凹。花单性同株，无花瓣，萼片 3，淡紫色；总状花序腋生，雌花生于花序基部，心皮数个离生；雄花生于花序上部，雄蕊 6。聚合蓇葖果肉质，熟时紫色。花期 4 ～ 5 月，果期 9 ～ 10 月。

花、叶秀丽，是棚架、花架绿化的好材料。

英　桐　*Platanus×acerifolia*

别名：悬铃木、二球悬铃木

科属：悬铃木科悬铃木属

落叶大乔木。树皮呈大薄片状剥落。幼枝、叶密被星状毛，具柄下芽。叶片3～5掌状浅裂，中裂片长宽近相等。果球多2个一串。花期4～5月，果期9～10月。

树形雄伟端正，叶大荫浓，树冠广阔，干皮光洁，是世界著名的行道树和庭园树，有“行道树之王”的美称。

【附】

法桐（三球悬铃木）*P. orientalis*　叶5～7掌状深裂，中裂片长大于宽。果球常3或多达6个串生。

美桐（一球悬铃木）*P. occidentalis*　叶片3～5掌状浅裂，中裂片宽大于长。果球常单生。

檵　木 *Loropetalum chinense*

别名：檵花

科属：金缕梅科檵木属

常绿灌木。单叶互生，全缘，叶基不对称。花瓣4，带状条形，黄白色，3～8朵簇生小枝端。蒴果。花期4～5月，果期8月。

枝繁叶茂，初夏开花繁密而显著，如覆雪，美丽可爱；常年紫叶红花，广泛用于绿地中的色块构建。

【常见品种】

有‘大红袍’（叶、花大红色）、‘红红袍’（叶绿，花红色）、‘淡红袍’（叶、花淡红色）、‘紫红袍’（叶、花红紫色；须根红色）和‘珍珠红’（叶小，形如红色珍珠；须根红色）等品种。

枫　香　*Liquidambar formosana*

别名：枫树

科属：金缕梅科枫香属

落叶乔木。叶互生，掌状3裂，基部心形或截形。花单性同株，聚花果球形。花期3～4月，果10月成熟。

树冠宽阔，气势雄伟，深秋叶色红艳，美丽壮观，是南方著名的秋色叶树种。

马蹄荷 *Exbucklandia populnea*

别名：合掌木、白克木
科属：金缕梅科马蹄荷属

常绿乔木。小枝具环状托叶痕。单叶互生，全缘，偶有三浅裂，基部心形；托叶合生，宿存，包被冬芽。蒴果长 0.7 ～ 0.9cm，表面平滑。花期 10 月至翌年 3 月，果期 4 ～ 10 月。

树形优美，树冠浓密，叶大而有光泽。

【附】

大果马蹄荷 *E. tonkinensis* 与马蹄荷的区别：叶较小，长 7 ～ 13 cm，基部宽楔形。蒴果长 1 ～ 1.5 cm，表面有瘤点。花期 5 ～ 9 月，果期 8 ～ 11 月。

杜　仲 *Eucommia ulmoides*

科属：杜仲科杜仲属

落叶乔木。具片状髓，无顶芽。枝、叶、果及树皮断裂后均有白色弹性丝相连。单叶互生。雌雄异株。翅果。花期4月，果期9～10月。

树干端直，树形整齐优美，枝叶茂密，是良好的庭荫树及行道树。

榔　榆 *Ulmus parvifolia*

别名：小叶榆
科属：榆科榆属

落叶或半常绿乔木。树皮薄鳞片状剥落后仍较光滑。叶较小而厚，卵状椭圆形，基歪斜，叶缘单锯齿（萌芽枝之叶常有重锯齿）。花簇生叶腋。翅果长椭圆形。种子位于翅果中央，无毛。花期 8 ～ 9 月，果期 10 月。

树姿古朴典雅，树皮斑驳雅致，枝叶细密，是观姿、观干以及制作盆景的好树种。

榉　树 *Zelkova schneideriana*

别名：大叶榉
科属：榆科榉属

落叶乔木。叶面粗糙，背面密生淡灰色柔毛，叶缘具桃尖状锯齿。坚果歪斜且有皱纹。花期3～4月，果期10～11月。

树姿高大雄伟，枝细叶美，夏日荫浓如盖，秋日叶转暗紫红色，是观姿、秋季观叶以及制作桩景的好树种。

朴 树 *Celtis sinensis*

别名：沙朴

科属：榆科朴属

落叶乔木。小枝幼时有毛。叶卵形或卵状椭圆形，基部偏斜，中部以上有浅钝齿，表面有光泽，背脉隆起并有疏毛。核果黄色或橙红色，果柄与叶柄近等长。花期 4 ～ 5 月，果期 9 ～ 10 月。

树形美观，树冠宽广，绿荫浓郁，是城乡绿化的重要树种。

珊瑚朴 *Celtis julianae*

科属：榆科朴属

落叶乔木。小枝、叶背、叶柄均密被黄褐色绒毛。叶较宽大，卵形，叶面粗糙，背面网脉隆起，密被黄柔毛。核果大，径约1～1.3cm，橙红色，果柄较叶柄长。花期4月，果期10月。

树高干直，冠大荫浓，姿态优美，春天枝上生满红褐色花序，状如珊瑚，颇为美丽。

桑　树 *Morus alba*

别名：桑、白桑、家桑

科属：桑科桑属

落叶乔木。嫩枝及叶有乳汁。单叶互生，叶卵形或卵圆形，锯齿粗钝。花单性异株，柔荑花序。聚花果称桑葚，熟时由红变紫黑色。花期4月，果期6～7月。

树冠开阔，枝叶茂密，秋叶黄色。我国古代人民有在房前屋后栽种桑树和梓树的传统，故常以“桑梓”代表家乡故土。

构 树 *Broussonetia papyrifera*

别名：楮、谷浆树
科属：桑科构属

落叶乔木，有乳汁。单叶互生，卵形，有粗锯齿，时有不规则深裂，两面密被柔毛。花单性异株，雄花为柔荑花序，雌花为头状花序。聚花果熟时橙红色。花期4～5月，果期8～9月。

树冠开阔，枝叶茂密，抗性强，生长快，繁殖容易，是城乡、工矿区及荒山坡地绿化的重要树种。

木菠萝 *Artocarpus heterophyllus*

别名：树波罗、波罗蜜、牛肚子果

科属：桑科桂木属

常绿乔木，有乳汁。小枝具环状托叶痕。叶厚革质，背面粗糙。花单性同株，雌花序椭球形，生于树干或大枝上。聚花果长25～60cm，外皮有六角形瘤状突起。花期2～3月，果期7～8月。

树冠开阔，枝叶茂密，老干结果，果形奇特，是热带园林结合生产的好树种，果肉（实为花被）香甜可食。

榕属（*Ficus*）木本。小枝有环状托叶痕，有乳状液汁。单叶，通常互生。隐头花序。隐花果肉质，内有小瘦果。

无花果 *Ficus carica*

别名：蜜果、映日果

科属：桑科榕属

落叶小乔木。枝粗壮。叶 3 ～ 5 掌状裂或不裂，两面粗糙，边缘波状或成粗齿。隐花果梨形，熟后黑紫色。一年可多次开花结果。

无花果果味甜美，栽培容易，是园林与生产相结合的理想树种。

印度橡皮树 *Ficus elastica*

别名：印度榕、印度胶榕、缅树

科属：桑科榕属

常绿乔木，全株无毛。叶厚革质，羽状侧脉细密平行；托叶大，红色，包被顶芽。隐花果成对生于叶腋。花期3～4月，果期5～7月。

叶大，光洁亮绿，托叶长尖红色，为优美的观叶树。

【常见品种】

‘美丽’胶榕（‘红肋’胶榕）‘Decora’ 叶较宽而厚，幼叶背面中肋、叶柄及枝端托叶皆为红色。

‘三色’胶榕 ‘Decora Tricolor’ 灰绿叶上有黄白色和粉红色斑，背面中肋红色。

‘兰紫’胶榕（‘黑金刚’）‘Decora Burgundy’ 叶黑紫色。

‘斑叶’胶榕 ‘Variegata’ 绿叶面有黄或黄白色斑。

‘大叶’胶榕 ‘Robusta’ 叶较宽大，长约30cm，芽及幼叶均为红色。热带地区广为栽植。

菩提树 *Ficus religiosa*

别名：印度菩提树、思维树、神圣的无花果

科属：桑科榕属

常绿大乔木。叶薄革质，先端长尾尖，基部三出脉，两面光滑无毛，叶柄长，叶常下垂。花期3～4月，果期5～7月。

叶形优雅别致，树冠丰茂，浓荫覆地，是世界著名的观赏树种，也是叶脉标本的好材料。

高山榕 *Ficus altissima*

别名：高榕

科属：桑科榕属

常绿乔木。干皮银灰色。老树常有支柱根。叶先端圆钝，基部圆形，半革质，侧脉 4 ～ 5 对。隐花果红色或黄橙色，腋生。花期 3 ～ 4 月，果期 5 ～ 7 月。

树形高大，冠大荫浓，枝叶繁盛，叶大而有光泽，果多而美丽。

黄葛榕 *Ficus virens* var. *sublanceolata*

别名：黄葛树、大叶榕

科属：桑科榕属

落叶乔木。叶卵状长椭圆形，先端急尖，基部心形或圆形，侧脉 7 ～ 10 对，坚纸质，无毛，叶柄长 3 ～ 5cm；托叶长带形。隐花果球形，无梗。花果期 4 ～ 8 月。

树大荫浓，枝繁叶茂，夏天为人们提供一个极佳的荫蔽空间，宜作庭荫树。

【附】

绿黄葛树 *F. virens* 隐头花序有 2 ～ 5mm 的梗。

榕　树　*Ficus microcarpa*

别名：细叶榕，小叶榕

科属：桑科榕属

常绿乔木。具须状气生根。叶椭圆形至倒卵形，长4～8cm，先端钝尖，基部楔形，侧脉5～7对，在近叶缘处网结，革质，无毛。花期5月，果期7～8月。

树冠庞大而圆整，枝叶茂密，常栽作行道树。

【常见变种、品种】

厚叶榕（卵叶榕、金钱榕）var. *crassilolia*　叶倒卵状椭圆形，先端钝或圆，厚革质，有光泽。

‘黄金’榕‘Golden Leaves’　嫩叶金黄色，日照越强烈，叶色越明艳，老叶渐转绿色。

垂叶榕 *Ficus benjamina*

别名：垂榕、吊丝榕

科属：桑科榕属

常绿乔木。枝叶下垂，顶芽细尖。叶卵状长椭圆形，长达10cm，先端尾尖，革质而光亮，侧脉平行且细而多。隐花果近球形，径约1cm，成对腋生，鲜红色。

枝叶优雅美丽，为优良的园林观赏树种。

【常见品种】

‘斑叶’‘Variegata’ 绿叶有大块黄白色斑。

‘金叶’‘Golden Leaves’ 新叶金黄色，后渐变黄绿。

‘金公主’‘Golden Princess’ 叶有乳黄色窄边。

‘星光’‘Starlight’ 叶边有不规则黄白色斑块。

‘月光’‘Reginald’ 叶黄绿色，有少量绿斑。

地石榴 *Ficus tikoua*

别名：地果、地琵琶、地瓜

科属：桑科榕属

常绿匍匐藤本。茎上有不定根。叶倒卵状椭圆形，缘具波状浅圆齿，表面被粗短毛。隐花果成对或簇生于茎上，常埋于土中。花期 5 ~ 6 月，果期 7 月。

叶色翠绿，习性强健，宜作地被绿化。

枫　杨 *Pterocarya stenoptera*

别名：平柳、元宝

科属：胡桃科枫杨属

落叶乔木。枝髓片状，裸芽有柄。偶数羽状复叶互生，叶轴具窄翅，小叶 10 ～ 28。坚果具 2 条状长圆形翅，成串下垂。花期 4 ～ 5 月，果期 8 ～ 9 月。

树冠宽广，枝叶茂密，生长快，适应性强，可作庭荫树和行道树。

牡　丹　*Paeonia suffruticosa*

别名：木芍药、富贵花、洛阳花
科属：芍药科芍药属

落叶灌木。2回三出复叶，顶生小叶先端3～5裂，侧生小叶二浅裂，背面常有白粉，无毛。花大，径12～30cm，单生枝顶；单瓣或重瓣，颜色多种。聚合果蓇葖果密生黄褐色毛。花期4～5月，果期9月。

花大色艳，有“国色天香”的美称，被誉为“花中之王”，具有很高的观赏价值。

【附】

芍药 *P. lactiflora*　多年生草本花卉。2～3回羽状复叶，小叶深裂成披针形，全缘。

杨 梅 *Myrica rubra*

别名：圣生梅、白蒂梅、树梅

科属：杨梅科杨梅属

常绿乔木。幼枝及叶背具黄色小油腺点。叶长6～16cm，全缘或中部以上有稀疏小锯齿；花单性异株，雄花具2～4小苞片，雌花具4小苞片。果肉剥离后核表面无毛。花期3～4月，果期6～7月。

枝叶繁密，树冠圆整，宜植为庭园观赏树种。

【附】

矮杨梅 *M. nana* 常绿灌木。叶长 2 ～ 8cm，中部以上有粗锯齿。花单性异株，雄花无小苞片，雌花具 2 小苞片。果肉剥离后核表面有密柔毛，果味酸。

叶子花 *Bougainvillea spectabilis*

别名：三角梅、九重葛、毛宝巾

科属：紫茉莉科叶子花属

常绿攀缘灌木，具枝刺。枝叶密生柔毛。单叶互生，叶卵形或卵状椭圆形，长 5 ～ 10cm，全缘。花常 3 朵顶生，各具 1 枚叶状大苞片，鲜红色。

苞片大，色彩鲜艳如花，且持续时间长，是优美的园林观花树种。

【附】

光叶子花（宝巾）*B. glabra* 与叶子花的区别：枝叶无毛或近无毛。苞片多为紫红色。花期 3 ～ 12 月。

杂种叶子花 *B.×buttiana* 叶广卵形。苞片深红色或橙色，渐退为紫色或紫红色；质脆易碎；花萼有棱角，有向上弯曲的短毛。

【常见品种】

‘砖红’叶子花‘Lateritia’ 苞片砖红色。

‘粉红’叶子花‘Thomasii’ 苞片粉红色。

‘红白二色’叶子花‘Mary Palmer’ 苞片红色、白色兼有。

山　茶 *Camellia japonica*

别名：山茶花、华东茶
科属：山茶科山茶属

常绿灌木或小乔木。嫩枝无毛。单叶互生，叶表面暗绿而有光泽，缘有细齿。花近无柄，子房无毛。蒴果球形。花期 11 月至翌年 2 月，果期 9～10 月。

花大色艳，叶色翠绿，开花于冬末春初万花凋谢之时，尤为难得，是著名的观赏花木，品种多达一两千种。v

茶　梅　*Camellias asanqua*

别名：茶梅花、小茶梅、海红
科属：山茶科山茶属

多为常绿灌木。嫩枝有毛。叶较小而厚，表面有光泽，脉上略有毛。花1～2朵顶生，花丝离生，子房密被白毛；无花柄。花期按品种不同从9～11月至翌年1～3月，果期8～11月。

体态玲珑，叶形雅致，花色艳丽，花期长，是赏花、观叶俱佳的著名花卉。

厚皮香 *Ternstroemia gymnanthera*

别名：秤杆红、珠木树、猪血柴、水红树、红果树

科属：山茶科厚皮香属

常绿灌木或小乔木，近轮状分枝。叶常集生枝端，全缘或上半部有疏钝齿，薄革质有光泽；叶柄短而红色。花淡黄浓香。果肉质红色，球形至扁球形。花期7月，果期10月。

树冠整齐，枝叶平展成层，叶厚而有光泽，入冬叶色绯红，开花芳香扑鼻，果熟时红果绿叶相间，以观叶为主，又可观花、观果。

猕猴桃 *Actinidia chinensis*

别名：中华猕猴桃

科属：猕猴桃科猕猴桃属

落叶缠绕藤本。幼枝、叶背、果密生棕色柔毛。枝有矩状突出叶痕。单叶互生，叶圆形或倒卵形，先端圆钝或微凹，边缘有芒状细锯齿。花单性异株，乳白色，后变黄色。浆果椭圆形。花期6月，果期9～10月。

花大美丽，芳香，硕果垂枝，是花、果兼赏的优良棚架树种。

金丝桃 *Hypericum moseramum*

科属：藤黄科（山竹子科）金丝桃属

半常绿灌木。小枝圆柱形。单叶对生，具透明腺点。顶生聚伞花序，雄蕊与花瓣近等长。蒴果。花期 5 ～ 7 月。

花型较大，金黄灿烂，光艳生辉，惹人喜爱，是夏季难得的观赏花木。

金丝梅　*Hypericum patulum*

科属：藤黄科（山竹子科）金丝桃属

半常绿灌木。小枝有2棱。花常单生枝顶，雄蕊较花瓣短。花期4～8月。

花型较大，金黄灿烂，光艳生辉，惹人喜爱，是夏季难得的观赏花木。

【附】

栽秧花（大花金丝梅）*H. beanii*　常绿灌木。小枝有4棱。雄蕊长为花瓣1/2～3/5。花期5～7月。

杜　英 *Elaeocarpus decipiens*

别名：胆八树
科属：杜英科杜英属

常绿乔木，嫩枝被微毛。叶倒披针形，长 7 ～ 12cm，侧脉 7 ～ 9 对，先端尖，基部狭而下延，缘有钝齿，革质；绿叶丛中常存有少量鲜红的老叶。总状花序腋生，花序长 5 ～ 10cm。花瓣先端细裂如丝，核果长 2 ～ 3cm。花期 6 ～ 7 月。

枝叶茂密，红绿叶相间，颇为美丽。

山杜英 *Elaeocarpus sylvestris*

科属：杜英科杜英属

常绿乔木，嫩枝光滑无毛。叶倒卵形，长 4 ~ 8cm，侧脉 4 ~ 5（6）对，先端钝尖，基部狭楔形，缘有浅钝齿，纸质。花序长 4 ~ 6cm；花瓣先端撕裂成流苏状。核果长约 1cm。花期 6 ~ 8 月，果期 10 ~ 12 月。

枝叶茂密，红绿叶相间，颇为美丽。

水石榕 *Elaeocarpus hainanensis*

科属：杜英科杜英属

常绿小乔木。叶常集生枝顶。花下垂，直径 3 ～ 4cm，花瓣先端流苏状，3 ～ 5 朵组成短总状花序，有明显之叶状苞片。核果纺锤形，长 3 ～ 4cm。花期 4 ～ 5 月，果期 7 ～ 8 月。

枝叶茂密，叶形秀丽，花洁白淡雅，为美丽的木本花卉。

梧　桐 *Firmiana simplex*

别名：青桐
科属：梧桐科梧桐属

落叶乔木，树干端直。树皮绿色平滑。叶 3 ～ 5 掌状裂。顶生圆锥花序，花单性同株。蓇葖果远在成熟前即开裂呈叶状，匙形。种子球形，表面皱缩，着生于果皮边缘。花期 6 ～ 7 月，果期 9 ～ 10 月。

树干通直，树冠圆形，干枝青翠，叶大而形美，秋季叶色金黄，是优良的庭荫树和行道树。

【附】

云南梧桐 *F. major* 与梧桐的主要区别是：树皮灰色，略粗糙。叶掌状 3 浅裂。花紫红色。

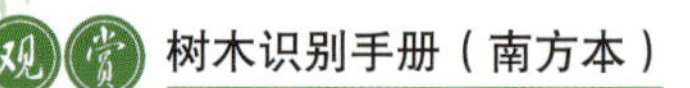

木　槿　*Hibiscus syriacus*

别名：无穷花

科属：锦葵科木槿属

落叶灌木。单叶互生，掌状脉，叶菱状卵形，端部常3裂。花单瓣或重瓣，有淡紫、红、白等色。蒴果。花期6～9月，果9～11月成熟。

夏秋开花，花期长而花朵大，是优良的观花树种。

扶　桑 *Hibiscus rosa-sinensis*

别名：朱槿、大红花
科属：锦葵科木槿属

常绿大灌木。叶广卵形至长卵形，缘有粗齿，表面有光泽。花冠漏斗形，通常鲜红色；雄蕊柱和花柱超出花冠外。夏秋开花。

花色鲜艳，花大形美，花期悠长，枝叶茂盛，是著名的观赏花木。

【常见品种】

有‘Albus’（白花）、‘Luteus’（黄花）、‘Currie’（黄花红心）、‘Aurantiacus’（金花红心）、‘Kermesinus’（粉花）、‘Rubro-plenus’（红花重瓣）、‘Albo-plenus’（白花重瓣）、‘Flavo-plenus’（黄花重瓣）等美丽的品种。

木芙蓉 *Hibiscus mutabilis*

别名：芙蓉花、拒霜花、木莲、地芙蓉、华木
科属：锦葵科木槿属

落叶灌木或小乔木，枝叶密生绒毛。叶掌状 3 ～ 5(7) 裂，基部心形。花大，单生枝端叶腋，清晨初开时粉红色，傍晚变成紫红色。9 ～ 10 月开花，蒴果 10 ～ 11 月成熟。

著名的秋季观赏花木，花大而美丽，其花色、花型随品种不同而有丰富的变化。

【常见品种】

有 'Rubra'（红花）、'Alba'（白花）、'Plenus'（花重瓣，由粉红变紫红色）及 '醉芙蓉'（'Versicolor'，花在一日之中，初开为纯白色，渐变淡黄、粉红，最后成红色）等品种。

山桐子 *Idesia polycarpa*

别名：山梧桐

科属：大风子科山桐子属

落叶乔木。干皮灰白色。叶宽卵形，先端渐尖，基部心形，掌状，5～7基出脉，叶背灰白色，脉腋有簇毛；叶柄上部具2个大腺体。花单性异株或杂性，圆锥花序顶生。浆果红色。花期5～6月，果期9～10月。

树冠整齐，树形优美，秋季红果累累下垂，且能留存较久，鲜艳可爱。

柽　柳　*Tamarix chinensis*

科属：柽柳科柽柳属

落叶灌木或小乔木。树皮红褐色。枝细长而下垂。叶细小，鳞片状。总状花序侧生于去年生枝上者春季开花，与总状花序集成顶生大圆锥花序者夏、秋开花，花小，基数5，粉红色。蒴果10月成熟。

姿态婆娑，枝叶纤秀，花期长，是良好的防风固沙及改良盐碱土树种，亦可植于水边供观赏。

加　杨　*Populus×canadensis*

别名：加拿大杨

科属：杨柳科杨属

落叶乔木。小枝较粗，髓心不规则五角形。顶芽发达，芽鳞数枚。单叶互生，近正三角形，叶缘有钝齿，叶柄长而扁。雌雄异株，柔荑花序，常先叶开放。蒴果。种子小，基部有白色丝状长毛。花期4月，果期5月。

树体高大，树冠宽阔，花序柔软下垂，是观姿、观叶的好树种。

垂　柳 *Salix babylonica*

科属：杨柳科柳属

落叶乔木。小枝细长下垂，髓心近圆形。顶芽缺，具1枚芽鳞。单叶互生，狭披针形，叶缘有细锯齿。雌雄异株，柔荑花序，常先叶开放。蒴果。种子小，基部有白色丝状长毛。花期3～4月，果期4～5月。

树姿飘逸潇洒，枝条柔软下垂，春叶嫩黄，是水岸配置的理想树种。

杜鹃花 *Rhododendron simsii*

别名：杜鹃、映山红、野山红
科属：杜鹃花科杜鹃花属

常绿或半常绿灌木，分枝多。枝细而直，枝叶及花梗均密被黄褐色粗伏毛。叶长椭圆形，长 3 ～ 5cm，先端锐尖，基部楔形。花深红色，有紫斑，径约 4cm；雄蕊 10，花药紫色；花 2 ～ 6 朵簇生枝端。花期 4 ～ 6 月，果期 8 ～ 10 月。

花繁叶茂，鲜艳夺目，是著名的观花灌木。

锦绣杜鹃 *Rhododendron pulchrum*

别名：毛鹃、鲜艳杜鹃
科属：杜鹃花科杜鹃花属

常绿或半常绿灌木。枝具扁毛。叶长椭圆形，长3～6cm，叶上毛较少。花较大，径约6.5cm，鲜玫瑰红色，上部有紫斑；雄蕊10，长短不等；花萼较大，长约1cm，花梗及萼有银丝毛；花芽鳞片外有黏胶。花期2～5月，果期9～10月。

树形低矮，枝叶清秀，四季常青，开花繁茂，是优良的园林观赏植物。

比利时杜鹃 *Rhododendron hybrida*

别名：西洋杜鹃
科属：杜鹃花科杜鹃花属

常绿灌木，植株矮小。枝、叶表面疏生柔毛。叶片卵圆形，全缘。花顶生，花冠阔漏斗状，半重瓣，玫瑰红色、水红色、粉红色或复色等。花期10月至翌年3月。

花开时灿烂夺目，令人惊叹，宜盆栽观赏、园林布景等。

马缨杜鹃 *Rhododendron delavayi*

别名：马缨花、马鼻缨
科属：杜鹃花科杜鹃花属

常绿灌木至小乔木。叶簇生枝端，革质，背面有灰白色至淡棕色薄毡毛，叶脉在表面凹下，背面隆起。花冠深红色，长4～5cm，肉质，基部有蜜腺囊5，雄蕊10；10～20朵成紧密的顶生伞形花序。蒴果圆柱形。花期3～5月，果期10～12月。

树冠圆形，叶坚挺，树干古朴，花鲜艳夺目，宛如马头披带的红缨，十分壮观。

柿　树 *Diospyros kaki*

别名：朱果、猴枣
科属：柿树科柿树属

落叶乔木。幼枝、叶背有褐黄色毛，后渐脱落。冬芽先端钝，卵状扁三角形，有“C”形叶迹。花单性异株或杂性同株。浆果大，熟时橙黄色或橘红色。花期5～6月，果期9～10月。

叶大荫浓，秋叶红色，果实满树，高挂枝头，极为美观，是园林结合生产的好树种。

海　桐 *Pittosporum tobira*

别名：海桐花、山矾
科属：海桐花科海桐花属

常绿灌木，叶聚生枝顶，倒卵形。伞形或伞房花序顶生；花白色后变黄，有香气。蒴果球形，3 瓣裂，黄色。种子橘红色。花期 4～5 月，果期 9～10 月。

叶绿密集，花色雅致芳香，秋果绽出鲜红种子，点缀在绿叶碧枝间，颇为美丽。

绣球花 *Hydrangea macrophylla*

别名：阴绣球、大八仙花、七变化、粉团花
科属：八仙花科八仙花属

落叶灌木。单叶对生，叶大而有光泽，倒卵形至椭圆形，缘有粗锯齿，两面无毛或仅背脉有毛。顶生伞房花序近球形，径可达 20 cm；几乎全部为不育花，主要观赏萼片。花期 6～7 月。

花团锦簇，花艳叶美，绚丽多彩，是夏季重要的观赏花卉。

【常见变种、品种】

银边八仙花 var. *maculata* 叶具白边。

‘紫阳花’‘Otaksa’ 植株较矮，高约 1.5m，叶质较厚，花序中全为不育花。

粉花绣线菊 *Spiraea japonica*

别名：蚂蟥梢、火烧尖、日本绣线菊
科属：蔷薇科绣线菊属

落叶灌木。单叶互生，先端尖，缘有齿，叶背灰蓝色，脉上有毛。花小，两性，粉红色，心皮5，离生；复伞房花序。蓇葖果半开张。花期6～7月，果期8～9月。形态多变异，常见白花品种‘Albiflora’

白花品种

花色娇艳，花朵繁多，植于园林构成夏日美景，亦可作基础种植之用。

蔷薇属（*Rosa*）：枝有皮刺。常为羽状复叶，互生。瘦果多数，生于肉质坛状花托内，称为聚合瘦果。

玫　瑰　*Rosa rugosa*

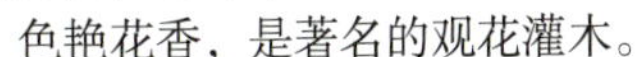

别名：刺玫花、徘徊花、刺客、穿心玫瑰
科属：蔷薇科蔷薇属

落叶或半常绿丛生灌木。枝密生针刺、刚毛及绒毛。小叶5～9，椭圆形，边缘有钝锯齿，表面无光泽，背面稍有白粉及柔毛；叶轴上有绒毛及刺，托叶约为叶柄长的1/2。花有紫红、粉红和白等色，浓香；单生或数朵聚生，花梗短；花柱连合成头状，塞于花托之口；花开放时，花萼与花同时开展；花寿命短。

色艳花香，是著名的观花灌木。

月　季 *Rosa chinensis*

别名：月季花

科属：蔷薇科蔷薇属

落叶或半常绿丛生灌木。嫩茎、叶均无毛，皮刺钩状，分散而少。小叶 3～5，边缘有锯齿，表面光泽明显，叶轴上有刺或无刺；托叶约为叶柄长的 1/3。花色繁多，大小变化多端，瓣型多样；花单生或数朵簇生于枝顶，少数集成松散的伞房花序，花柄长；花柱离生，伸出花托口外；花开时，萼片反卷，花的寿命长。

花色艳丽，花期长，是重要的观花树种，是园林布置的好材料，又可作盆栽及切花材料。

【常见变种、变型】

月月红 var. *semperflorens* 茎较纤细，常带紫红晕，有刺或近无刺。小叶较薄，常带紫晕。花多单生，紫色至深粉红色，花梗细长，常下垂。品种有‘大红’月季、‘铁把红’等。

小月季 var. *minima* 植株矮小，多分枝，高一般不过25cm。叶小而狭。花较小，径约3cm，玫瑰红色，单瓣或重瓣。宜作盆景材料。栽培品种不多，但在小花月季矮化育种中起着重要作用。

绿月季 var. *viridiflora* 花淡绿色，花瓣呈带锯齿的狭绿叶状。

变色月季 f. *mutabilis* 花单瓣，初开时硫黄色，继变橙色、红色，最后呈暗红色，径4.5～6cm。

蔷　薇 *Rosa multiflora*

别名：多花蔷薇

科属：蔷薇科蔷薇属

落叶蔓性灌木。小叶5～7(9)，倒卵形至椭圆形，长1.5～3.0cm，边缘有锯齿，两面有毛，托叶下有小刺，托叶明显，边缘篦齿状。花多朵成密集圆锥状伞房花序，白色或略带粉晕，芳香，径约2cm，萼片有毛，花后反折。果近球形，径约6mm。花期5～6月，果期10～11月。

叶茂花繁，色香四溢，是良好的春季观花垂直绿化树种。

七姊妹

'白玉棠'

【常见变种、变型、品种】

粉团蔷薇 var. *cathayensis* 小叶较大，通常5～7。花较大，单瓣，粉红至玫瑰红色，数朵成平顶之伞房花序。

荷花蔷薇 f. *carnea* 花重瓣，粉红色，多朵成簇。

七姊妹 f. *platyphylla* 叶较大。花重瓣，深红色，常6～7朵成扁伞房花序。

'白玉棠' 'Albo-Plena' 皮刺较少，花白色，重瓣，多朵簇生。

木　香 *Rosa banksiae*

别名：木香花、木香藤、锦棚花、七里香、十里香

科属：蔷薇科蔷薇属

落叶或半常绿攀缘灌木。枝细长绿色，皮刺少，无毛。小叶 3 ～ 5 片，长椭圆状披针形；托叶线形。花白色或淡黄色，芳香；单瓣或重瓣，花梗细长，3 ～ 15 朵排成伞形花序。果红色。花期 5 ～ 7 月。

枝条万千，花叶繁茂，盛花时白花如雪，黄花灿烂，芳香宜人，尤以花香闻名，是垂直绿化的好材料。

【常见变种、变型】

重瓣白木香 var. *albo-plena*　小叶常为 3。花白色，重瓣，香味浓。应用最广。

重瓣黄木香 var. *lutea*　小叶常为 5。花淡黄色，重瓣，香味甚淡。

单瓣黄木香 f. *lutescens*　花黄色，单瓣，近无香。

李属（樱属）（*Prunus*）：枝髓充实。单叶互生，叶柄端或叶基部常有腺体。花萼、花瓣各为5，雄蕊多数，雌蕊1，花柱顶生。核果。

‘紫叶’李 *Prunus cerasifera* ‘Pissardii’

科属：蔷薇科蔷薇属

落叶小乔木。叶卵形或卵状椭圆形，紫红色。花淡粉红色，通常单生，叶前开花或与叶同放。果小，暗红色。花期4～5月，果期7～8月。

花繁叶茂，叶常年紫红色，是优良的观叶观花树种。

【附】

樱李 *P. cerasifera* 叶绿色。花白色。果黄色或带红色。

【常见品种】

‘黑紫叶’李 ‘Nigra’ 枝叶黑紫色。

‘红叶’李 ‘Newportii’ 叶红色，花白色。

梅　*Prunus mume*

别名：梅子、梅花
科属：蔷薇科李属

落叶乔木。小枝细长，绿色光滑。叶卵形至椭圆状卵形，先端尾尖或渐尖，基部广楔形或近圆形，锯齿细尖。花红色、粉红或白色，近无梗，芳香；冬季或早春叶前开放。核果。果期 5 ～ 6 月。

香色俱佳，品种极多，是我国著名的观赏花木。

樱　花 *Prunus serrulata*

别名：山樱桃

科属：蔷薇科李属

落叶乔木。树皮暗栗褐色，光滑。叶先端尾状，叶缘具芒状重锯齿或单锯齿，背面苍白色。花白色或淡粉红色，萼钟状或短筒状而无毛；常 3 ～ 5 朵成短伞房总状花序。果黑色。花 4 月与叶同放，果期 7 月。

花色鲜艳亮丽，枝叶繁茂旺盛，是早春重要的观花树种。

【常见变种、变型】

毛樱花 var. *pubescens*　与山樱花相似，但叶两面、叶柄、花梗及萼均多少有毛。花瓣长 1.2 ～ 1.6cm。

山樱花 var. *spontanea*　花单瓣，形较小，径约 2cm，白色或粉红色，花梗及萼均无毛，2 ～ 3 朵排成总状花序。

重瓣白樱花 f. *albo-plena*　花白色，重瓣。

红白樱花 f. *albo-rosea*　花重瓣，花蕾淡红色，开后变白色，有 2 叶状心皮。

垂枝樱花 f. *pendula*　枝开展而下垂。花粉红色，瓣数多达 50 以上，花萼有时为 10 片。

重瓣红樱花 f. *rosea*　花粉红色，极重瓣。

瑰丽樱花 f. *superba*　花甚大，淡红色，重瓣，有长梗。

桃 *Prunus persica*

科属：蔷薇科李属

落叶小乔木。冬芽有毛，3 枚并生。叶长椭圆状披针形。花粉红色。核果近球形，表面密被绒毛。花期 3～4 月，先叶开放；果 6～9 月成熟。品种较多，分为食用桃和观赏桃两类。

'紫叶'桃

花色艳丽，妩媚可爱，是园林中重要的春季观花树木。

'碧桃'

【常见品种】

'碧桃' 'Duplex' 花重瓣，粉红色。

'紫叶'桃 'Atropurpurea' 叶紫红色。花单瓣或重瓣，粉红色。

冬樱花 *Prunus cerasoides*

别名：高盆樱桃、云南欧李、箐樱桃

科属：蔷薇科李属

落叶乔木。树皮古铜色。叶缘有单锯齿并杂有重锯齿，齿尖腺体头状；叶柄上有2～3个腺体。伞形花序有1～3朵小花，花粉红色，单瓣，略下垂，先叶开放。核果紫黑色。花期(11)12月至翌年1月，果期3～4月。

冬季红彤彤满树繁花，花后长出“鹅黄嫩绿”的新叶，给人们带来春的信息和希望的喜悦，是冬季难得的观赏花木。

日本晚樱 *Prunus lannesiana*

科属：蔷薇科李属

落叶乔木，树冠较窄。叶缘重锯齿具长芒。花大重瓣而下垂，粉红色或近白色，花萼钟状而无毛；花 2 ～ 5 朵聚生，具叶状苞片。花期 4 月。

盛花时，繁花满树；新叶和秋叶红色，是难得的观花、观叶树种。

棣　棠 *Kerria japonica*

别名：棣棠花
科属：蔷薇科棣棠属

落叶丛生灌木。小枝绿色光滑。叶卵状椭圆形，先端长尖，基部近圆形，缘有重锯齿。花黄色，单生侧枝端。瘦果。花期4～6月，果期6～8月。

枝叶青翠，细长柔软，花朵黄色，婀娜多姿，是美丽的观赏花木。

'重瓣'棣棠

【常见品种】

'重瓣'棣棠 'Pleniflora' 花重瓣。观赏价值更高。

平枝栒子 *Cotonester horizontalis*

别名：铺地蜈蚣、栒刺木、平枝灰栒子
科属：蔷薇科栒子属

落叶或半常绿匍匐灌木。枝水平开展，小枝黑褐色无刺，在大枝上呈二列状，宛如蜈蚣。叶近圆形，全缘，背面有柔毛。花粉红色，1～2（3）朵。梨果鲜红色，常有三小核。5～6月开花，9～10月果熟。

入秋红果累累，经久不落，极为美观，是作基础种植、布置岩石园的好材料。

火　棘 *Pyracantha fortuneana*

别名：火把果、救军粮
科属：蔷薇科火棘属

常绿灌木。常有枝刺，枝条拱形下垂。叶倒卵状长椭圆形，先端圆或微凹，锯齿疏钝，基部渐狭而全缘。花白色。梨果红色。花期 5 月，果期 9～10 月。

枝叶茂盛，初夏白花繁密，入秋果红如火，经久不落，美丽可爱，是优良的观赏树种。

云南山楂 *Crataegus scabrifolia*

科属：蔷薇科山楂属

落叶乔木；枝常无刺。叶通常不裂，或在萌枝上偶有3～5浅裂；先端急尖，基部楔形，缘有不规则圆钝重锯齿。花白色，伞房花序顶生。梨果橙黄色。花期4～6月，果期8～10月。

花繁叶茂，果实橙黄，是园林绿化结合生产的良好树种。

枇　杷　*Eriobotrya japonica*

科属：蔷薇科枇杷属

常绿乔木。小枝、叶背及花序均密生锈黄色绒毛。叶中上部疏生浅齿，表面羽状脉凹入，侧脉直达齿尖。圆锥花序，花白色，芳香。梨果橙黄。花期 10 ～ 12 月，果期翌年 5 ～ 6 月。

叶大荫浓，冬日白花盛开，初夏果实金黄，常于庭园栽植观赏。

西南花楸 *Sorbus rehderiana*

科属：蔷薇科花楸属

落叶灌木或小乔木。小枝暗灰褐色或暗红褐色，奇数羽状复叶互生，小叶 15 ～ 19，长圆形；花白色，伞房花序。梨果粉红至深红色，顶端有宿存的闭合萼片。花期 5 ～ 6 月，果期 8 ～ 9 月。

花叶美丽，果实鲜艳，缀满枝头，秋叶红色，是良好的观赏树种。

石　楠 *Photinia serrulata*

别名：石楠千年红

科属：蔷薇科石楠属

常绿灌木或小乔木，全体无毛。叶长椭圆形，缘有细尖锯齿，革质，深绿而有光泽，幼叶带红色。花白色，复伞房花序顶生。梨果红色。花期 4 ～ 5 月，10 月果熟。

树冠圆整，叶片光绿，初春嫩叶紫红，春末白花点点，秋日红果累累，是著名的庭院绿化树种。

‘红叶’石楠 *Photinia×fraseri* ‘Red robin’

别名：‘红罗宾’
科属：蔷薇科石楠属

光叶石楠与石楠的杂交种。常绿灌木或小乔木。叶缘有硬锯齿；新梢及叶片亮红色。花白色。梨果红色。花期3～4月，果期6～9月。

枝叶繁茂，初春叶色红艳如火，因其新梢和嫩叶鲜红而得名，被誉为“红叶绿篱之王”。

椤木石楠 *Photinia davidsoniae*

别名：椤木

科属：蔷薇科石楠属

常绿乔木。树干、枝条常有刺。幼枝发红，有毛。叶缘稍反卷，有细腺齿。花白色，花瓣两面无毛。梨果黄红色。花期5月，果期9～10月。

花、叶均美，可用作刺篱。

球花石楠 *Photinia glomerata*

科属：蔷薇科石楠属

常绿灌木或小乔木。幼枝、总花梗、花梗和萼筒外面皆密生黄色绒毛。叶革质，基部常偏斜，边缘具内弯腺锯齿。花白色，复伞房花序的总花梗数次分枝，花近无梗。梨果红色。花期5月，果期9月。

树冠圆整，枝叶浓密，早春嫩叶红色，入秋红果满枝，是赏叶观果的好树种。

牛筋条 *Dichotomanthes tristaniaecarpa*

别名：山胡椒、红眼睛、白牛筋
科属：蔷薇科牛筋条属

常绿灌木或小乔木。树皮光滑。叶全缘，表面无毛，背面被白色绒毛；托叶丝状，早落。花白色，花多而密集。果大部分为宿存的红色肉质萼筒所包。花期 4 ～ 5 月，果期 8 ～ 11 月。

树形优美，枝叶浓密，春天满树白花，秋天红果累累，是极佳的园林绿化及观赏树种。枝条可作绳索，故名牛筋条。

贴梗海棠 *Chaenomeles speciosa*

别名：铁角海棠、贴梗木瓜、皱皮木瓜
科属：蔷薇科木瓜属

落叶灌木。枝开展，有枝刺。叶缘有齿；托叶大，肾形或半圆形。花 3 ～ 5 朵簇生于 2 年生枝上，朱红、粉红或白色。梨果黄色，芳香。花期 2 ～ 4 月，果期 9 ～ 10 月。

早春叶前开花，簇生枝间，鲜艳美丽，秋天又有黄色芳香的硕果，是一种很好的赏花观果灌木。

西府海棠 *Malus×micromalus*

别名：小果海棠

科属：蔷薇科苹果属

山荆子与海棠花之杂交种。落叶小乔木，树态峭立。叶缘锯齿尖细。花粉红色，单瓣，有时半重瓣，花梗及花萼均具柔毛，萼片与萼筒近等长。梨果红色，基部柄洼下陷。花期4～5月，果期8～9月。

春天花粉红美丽，秋季红果缀满枝头，是良好的庭园观赏兼果用树种。

垂丝海棠 *Malus hulliana*

科属：蔷薇科苹果属

落叶小乔木，枝开展。叶缘锯齿细钝；叶柄及中肋常带紫红色。花蕾玫瑰红色，开放后粉红色，花萼紫色；花梗细长下垂，4～7朵簇生于小枝端。花期4月，果期9～10月。

春日繁花满树，娇艳美丽，是点缀春景的主要花木。

【变种】

重瓣垂丝海棠 var. *parkmanii*　花复瓣，花梗深红色。

白花垂丝海棠 var. *spontanea*　花较小，花梗较短，花白色。

台湾相思 *Acacia confuse*

别名：相思子、台湾柳
科属：含羞草科金合欢属

常绿乔木。幼苗具羽状复叶，长大后小叶退化，仅存狭披针形绿色的叶状柄。头状花序，绒球形，黄色。荚果带状。花期 4 ～ 6 月，果期 7 ～ 8 月。

树姿婆娑，绿荫翠绿，叶形奇特，盛花期满树金黄，花色艳丽，适宜园林观赏。

银荆树 *Acaia dealbata*

别名：鱼骨松、圣诞树
科属：含羞草科金合欢属

常绿乔木。2 回羽状复叶，总叶轴上每对羽片间有 1 枚腺体；小叶银灰色，头状花序球形，黄色，荚果无毛。花期 12 月至翌年 5 月。

羽叶雅致，花序金黄，繁茂美丽，是园林观赏、荒山造林、保持水土的优良树种。

黑荆树 *Acaia mearnsii*

别名：澳洲金合欢、黑儿茶
科属：含羞草科金合欢属

外形似银荆树，主要区别是：小叶深绿，有光泽，每对羽片间有腺体 1 ～ 2 枚。花淡黄色，荚果密被绒毛。花期 12 月至翌年 5 月。

枝叶繁密，花期较长，是良好的园林绿化、水土保持树种。

朱缨花　*Calliandra haematocephata*

别名：红绒球、美蕊花、美洲合欢、红合欢
科属：含羞草科朱缨花属

落叶灌木或小乔木。2 回羽状复叶，羽片 1 ～ 2 对，小叶 5 ～ 8 对，叶基偏斜，中脉略偏上部。头状花序腋生，径 3 ～ 5cm，花丝鲜红色，荚果线状倒披针形。花期 8 ～ 9 月，果期 10 ～ 11 月。

花丝红艳似绒球，叶形秀美，惹人喜爱。花形与合欢相似，故又称“美洲合欢”或“红合欢”。

紫　荆　*Cercis chinensis*

别名：满条红、罗筐桑、紫株

科属：苏木科（云实科）紫荆属

常为落叶灌木。叶下面无毛。花 5 ～ 8 成一簇，花梗长 0.6 ～ 1.5cm。花期 3 ～ 4 月，果期 8 ～ 10 月。

早春叶前开花，枝及干上布满紫红色花，故有“满条红”、“紫株”之称。是庭园中常见的早春观赏花木。

湖北紫荆 *Cercis glabra*

别名：馍馍叶、马藤、巨紫荆、云南紫荆

科属：苏木科（云实科）紫荆属

落叶小乔木。叶下面主脉被柔毛，以下部尤密。花 8～24 成一簇，花梗长 0.9～2.3cm。花期 3～4 月，果期 9～11 月。

树姿优美，叶形美丽，早春紫红别致的花朵密生枝干，艳丽夺目，秋天荚果满树，也十分美观，是优良的观花、观果树种。

红花羊蹄甲 *Bauhinia blakeana*

别名：艳紫荆、洋紫荆
科属：苏木科羊蹄甲属

常绿小乔木。树冠开展，树干常弯曲。叶大，宽15～20cm，先端2裂，深达1/4～1/3。花大，径达15cm，花瓣艳紫红色。花期11月至翌年3月，有时几乎全年开花，盛花期在春秋季。

冬季叶茂花繁，绚丽多彩，是极好的花荫树。是香港的市花（俗称“紫荆花”），1997年香港特区成立时以此作为区徽图案。

黄　槐　*Cassia surattensis*

别名：粉叶决明、黄槐决明、凤凰花
科属：苏木科（云实科）决明属

落叶小乔木或灌木状。1 回偶数羽状复叶，小叶 6 ～ 10 对，基部稍偏斜；叶轴下部 2 或 3 对小叶之间有一棒状腺体。荚果带状，扁，边缘波状，有时有 1 ～ 2 处缢缩。几乎全年开花，但主要集中在 3 ～ 12 月，果期 9 ～ 10 月。

叶似槐，因花金黄而名。绿叶黄花，鲜艳明快，多用作街道行道树，也可点缀在葱郁林木之间，令人感觉明亮一新。

双荚决明 *Cassia bicapsularis*

别名：双荚黄槐、金边黄槐
科属：苏木科（云实科）决明属

落叶或半常绿蔓性灌木。小叶 3 ～ 5 对，叶缘常金黄色；第 1 ～ 2 对小叶间有一突起的腺体。能育雄蕊 7（其中 3 枚特大）。荚果圆柱形。花期 9 月至翌年 1 月，果期 11 月至翌年 3 月。

分枝茂密，花色鲜艳，盛花期花团锦簇，灿烂夺目，为常见的观花树种。

光叶决明 *Cassia floribunda*

别名：大花黄槐
科属：苏木科（云实科）决明属

常绿或半常绿灌木。小叶 3 ～ 4 对，叶轴上于每对小叶间具一腺体。发育雄蕊 7。荚果圆柱形。花期 3 ～ 4(5) 月，果期 11 ～ 12 月。

花繁叶茂，色彩明快，为优良的观赏树种。

凤凰木 *Delonix regia*

别名：红花楹树、凤凰树、火树、红花楹
科属：苏木科凤凰木属

落叶乔木，树冠伞形开展。2回偶数羽状复叶，羽片10～20对，对生；小叶长椭圆形，端钝圆，基歪斜，两面有毛。花大，鲜红色，有长爪。荚果带状，木质，长30～50cm。花期5～8月，11月果熟。

因“叶如飞凰之羽，花若丹凤之冠”而名。枝叶茂密，叶形秀丽轻柔，花大色艳，是热带地区优美的庭园观赏树及行道树。

槐　树 *Sophora japonica*

别名：国槐、家槐、豆槐
科属：蝶形花科槐树属

落叶乔木。树皮灰黑色浅裂。小枝绿色，具柄下芽。奇数羽状复叶互生，小叶 7 ～ 17，卵状椭圆形。圆锥花序顶生，花浅黄色。荚果串珠状。花期 7 ～ 8 月，果期 10 月。

树冠宽广，枝叶繁茂；‘龙爪’槐盘曲下垂，姿态古雅，都是优良的园林观赏树种。

‘龙爪’槐

【常见品种】

‘龙爪’槐‘Pendula’ 树冠伞状，枝弯曲下垂。

刺　桐　*Erythrina variegate*

别名：象牙红

科属：蝶形花科刺桐属

落叶乔木。树皮有圆锥状皮刺，髓心大且白色。三出复叶互生，叶柄长；顶生小叶卵状三角形，基部平截；侧生小叶狭长。总状花序鲜红色，花萼佛焰苞状，上部深裂达基部，花盛开时旗瓣与翼瓣及龙骨瓣成直角，先叶开放。荚果肿胀，种子暗红色。花期3月，果期9月。

树形优美，枝叶扶疏，早春花繁艳丽，花形独特，花期长，极为美丽，是观花、观叶的优良树种。

鸡冠刺桐 *Erythrina crista-galli*

别名：巴西刺桐
科属：蝶形花科刺桐属

落叶小乔木或灌木。枝条、叶柄及叶脉上均有刺。三出复叶互生，卵状长椭圆形。总状花序红色或橙红色，松散，花萼佛焰苞状，萼筒端二浅裂。荚果木质，种子褐黑色。花期6～7月，果期8～9月。

树姿端庄，初夏开花，深红色的总状花序好似串串红色月牙，艳丽夺目，是观花、观叶的好树种。

乔木刺桐 *Erythrina arborescens*

别名：刺木通、鹦哥花
科属：蝶形花科刺桐属

落叶乔木。树干和枝条具皮刺。三出复叶互生，顶生小叶肾状扁圆形，先端短。总状花序红色，花萼二唇形，翼瓣长为旗瓣 1/4。荚果梭形，弯曲，两端尖。花期 8 ～ 9 月，果期 10 ～ 11 月。

树姿挺拔，干枝密生皮刺，三出复叶硕大，红色的总状花序扶疏短小，如红嘴的鹦哥，荚果形似尖尖弯月，是观姿、观花的好树种。

紫　藤　*Wisteria sinensis*

科属：蝶形花科紫藤属

落叶缠绕大藤本，茎枝左旋。奇数羽状复叶互生，小叶互生，7～13枚，卵状披针形，幼叶密生平贴白色细毛。总状花序下垂，花冠蓝紫色，先叶或与叶同放。荚果长条形，密生黄色绒毛。花期4～5月，果期6～10月。

枝叶繁茂，庇荫效果明显；春天先叶开花，串串硕大花穗垂挂枝头，灿若云霞，芳香馥郁，是优良的棚架、门廊、枯树及山坡绿化材料。

常春油麻藤 *Mucuna sempervirens*

别名：常绿油麻藤
科属：蝶形花科黎豆属

常绿藤本，茎枝粗壮左旋。三出复叶互生，顶生小叶卵状椭圆形，全缘，先端尾尖；两侧小叶基部极不对称。总状花序下垂，花冠深紫色。荚果长条状，密被金黄色粗毛。种子见收缩。花期 4 月，果期 8 ~ 10 月。

枝叶繁茂，覆盖效果良好，小叶秀美婆娑，深紫色总状花序硕大下垂，花量大，典型老茎生花，是优良的棚架、门廊及岩石绿化材料。

胡颓子 *Elaeagnus pungens*

科属：胡颓子科胡颓子属

常绿灌木，具棘刺。小枝被锈褐色鳞片。叶革质，叶背银白色并有锈褐色斑点。花银白色，下垂，芳香。果椭圆形，被锈色鳞片，熟时红色。花期10～11月，果期翌年5月。

枝叶扶疏，色彩斑斓，挂果时间长，可植于庭园观赏或制作盆景。

佘山胡颓子 *Elaeagnus argyi*

科属：胡颓子科胡颓子属

落叶或半常绿灌木，偶为小乔木状；树冠呈伞形，有棘刺。叶薄纸质，叶背银白色，密被星状鳞片和散生棕色鳞片。花期 10 ～ 11 月，果期翌年 4 月。

适应性强，果红色美丽，宜植于庭院观赏。

银 桦 *Grevillea robusta*

科属：山龙眼科银桦属

常绿乔木。小枝、芽及叶柄密被锈色绒毛。叶互生，2回羽状深裂，裂片边缘反卷。总状花序，橙黄色。蓇葖果有细长花柱宿存，种子有翅。花期5月，果期6～8月。

银桦树干通直，树冠高大整齐，初夏有橙黄色花序点缀枝头，宜作行道树及风景树等。

【附】

红花银桦 *G. banksii* 常绿灌木或小乔木，花鲜红至橙红色。

紫　薇 *Lagerstroemia indica*

别名：痒痒树、百日红

科属：千屈菜科紫薇属

落叶灌木或小乔木。树皮光滑；小枝四棱。叶椭圆形或卵形对生，近无柄。顶生圆锥花序；花亮粉红至紫红色；花瓣6，皱波状或细裂状，具长爪。蒴果。花期6～9月，果期10～11月。

树姿优美，树干光滑洁净，花色艳丽，花期夏秋相连，故有“百日红”之称。

细叶萼距花 *Cuphea hyssopifolia*

别名：满天星

科属：千屈菜科萼距花属

常绿小灌木。叶对生或近对生。花腋生，萼筒绿色，与花瓣等长，花瓣淡紫、粉红至白色。蒴果绿色，形似雪茄。花期自春至秋。

枝叶密集，花期长，宜作花坛、花境及花篱材料。

瑞　香 *Daphne odora*

科属：瑞香科瑞香属

常绿灌木。单叶互生，全缘，质厚，表面浓绿有光泽，叶柄短。花白色或稍有淡紫色，短总状花序簇生状，有浓香。核果肉质，圆球形，红色。花期 3 ～ 4 月，果期 7 ～ 8 月。

枝干丛生，株形优美，四季常绿，早春开花，香味浓郁，有较高的观赏价值。

结　香 *Edgeworthia chrysantha*

科属：瑞香科结香属

落叶灌木。枝通常三叉状。叶片表面疏生柔毛，背面被长硬毛；叶痕半圆形。花黄色，先叶开放，芳香，花被筒长瓶状，外被绢状长柔毛。核果卵形。花期 3 ～ 4 月，果期 7 ～ 8 月。

树姿清雅，花姿秀丽浓香。枝条柔软，弯之可打结而不断，别具趣味，适宜盆栽和盆景造型。

红千层 *Callistemon rigdus*

科属：桃金娘科红千层属

常绿灌木。单叶互生，暗绿色，条形，中脉和边脉明显，两面有小突点，叶质坚硬。穗状花序紧密，雄蕊鲜红色，整个花序似试管刷。花期 6 ～ 8 月。

花形奇特，色彩鲜艳美丽，开放时火树红花，是庭园观花的重要树种。

千层金 *Melaleuca bracteata*

别名：黄金香柳

科属：桃金娘科白千层属

常绿灌木或小乔木。主干直立，枝条细长柔软，嫩枝红色，老枝变灰。叶线形，四季黄色，揉之有香味。雄蕊多数，白色。

它是20世纪90年代初选育出来的变异新种，叶片全年金黄色或鹅黄色，是目前世界上最流行、视觉效果最好的色叶新树种之一。

石　榴 *Punica granatum*

别名：安石榴

科属：石榴科石榴属

落叶灌木或小乔木。小枝端常成刺状。叶椭圆状倒披针形，无毛而有光泽，单叶对生或簇生。花朱红色；花萼钟形，质厚。浆果近球形。种子有肉质外种皮。花期5～7月，果期9～11月。

嫩叶红色亮丽，夏季叶绿花红，十分美观，是园林观赏结合食用的好树种。

【常见品种】

‘千瓣红花’石榴‘Plena’　花红色，重瓣。

展毛野牡丹 *Melastoma normale*

科属：野牡丹科野牡丹属

常绿灌木。枝密被平展的长粗毛及短柔毛。叶对生，基出5主脉。花淡紫色。蒴果。花期夏至秋季，果期10～12月。

花美丽而花期持久，宜植于庭院观赏。

蓝果树 *Nyssa sinensis*

科属：蓝果树科蓝果树属

落叶乔木。树干分枝处具眼状纹，小枝有毛。单叶互生，叶柄及背脉有毛。花小，雄花序伞形，雄花序头状。核果椭圆球形，熟时深蓝色，后变紫褐色。花期 4 月下旬，果期 9 月。

秋叶红色，特别艳丽，宜作庭荫树及行道树。

喜　树　*Camptotheca acuminate*

别名：旱莲木
科属：蓝果树科喜树属

落叶乔木。单叶互生，叶先端突渐尖，羽状脉弧形而在表面下凹，疏生短柔毛，脉上尤密；叶柄常带红色。花淡绿色。坚果香蕉状，具窄翅，常多数集生成球形，熟时黄褐色。花期 6 ～ 7 月，果期 9 ～ 11 月。

树干通直，树冠开展而整齐，叶荫浓郁，根系发达，是良好的绿化树种。

珙　桐　*Davidia involucrata*

科属：蓝果树科珙桐属

落叶乔木。单基部心形，缘有粗尖锯齿，背面密生绒毛。顶生头状花序，花序下有 2 片大形白色苞片，常下垂。核果椭球形，紫绿色，锈色皮孔显著。花期 4～5 月，果期 10 月。

树形高大端整，开花时白色的苞片远观似许多白色的鸽子栖息树端，蔚为奇观，故有“中国鸽子树”之美称，是世界著名珍贵的观赏树种。

【变种】

光叶珙桐 var. *vimloriniana*　叶背仅脉上及脉腋有毛，其余光滑无毛。

灯台树 *Cornus controversa*

科属：山茱萸科梾木属

落叶乔木。枝紫红色，无毛。单叶互生，叶常集生枝梢。伞房状聚伞花序顶生；花小，白色。核果球形，熟时由紫红色变紫黑色。花期5～6月，果期8～10月。

树干端直，冠形整齐，姿态清雅，侧枝平展，轮状着生，层次分明，宛如灯台，以其整齐优美的树形而备受欢迎。

红瑞木 *Cornus alba*

科属：山茱萸科梾木属

落叶灌木。枝血红色，初时常被白粉；髓大而白色。单叶对生，叶脉凹陷。花小，黄白色，排成顶生的伞房状聚伞花序。核果斜卵圆形，成熟时白色或稍带蓝色。花期5～6月，果期7～10月。

枝条终年血红色，花白色、果蓝白色，秋叶鲜红色，极富观赏价值。

四照花 *Dendrobenthamia japonica* var. *chinensis*

科属：山茱萸科四照花属

落叶小乔木。单叶对生，厚纸质，脉腋有淡褐色毛。花小，成密集球形头状花序，外有花瓣状白色大型总苞片4枚。聚花果球形、肉质，熟时粉红色。花期5～6月，果期9～10月。

初夏白色总苞覆盖满树，光彩耀目，秋叶变红色或红褐色，是一种美丽的园林观赏树种。

头状四照花 *Dendrobenthamia capitata*

别名：鸡嗉子果

科属：山茱萸科四照花属

常绿乔木。小枝幼时密被白色柔毛，后渐脱落。叶对生，背面密被丁字毛，脉腋有明显的凹窝。头状花序近球形，有4枚黄白色大型总苞片。聚花果扁球形，熟时紫红色，形似鸡嗉子。花期5～6月，果期9～10月。

春赏亮叶，夏观玉花，秋看红果红叶，是一种极其美丽的庭园观花、观叶、观果树种。

桃叶珊瑚 *Aucuba chinensis*

科属：山茱萸科桃叶珊瑚属

常绿灌木。小枝有柔毛。单叶对生，全缘或上部有疏齿，薄革质，背面有硬毛，花紫色。浆果状核果，深红色。花期 3 ～ 4 月，果期 11 月至翌年 2 月。

本种为良好的耐阴观叶、观果树种，宜配置于林下及荫处，又可室内观赏。

东瀛珊瑚

‘洒金’东瀛珊瑚

东瀛珊瑚 *Aucuba japonica*

别名：日本珊瑚、青木

科属：山茱萸科桃叶珊瑚属

常绿灌木。小枝绿色，粗壮。叶革质，两面有光泽。花小，紫色；圆锥花序密生刚毛。果卵圆形，熟时鲜红色。花期3～4月，果期11月至翌年4月。

枝繁叶茂，四季常青，春季花序紫红色，入冬果实红色，鲜艳悦目，属观叶为主兼具观果、观花的城市园林观赏植物。

【常见品种】

‘洒金’东瀛珊瑚‘Variegata’ 叶面有黄色斑点。

大叶黄杨 *Euonymus japonicus*

别名：冬青卫矛
科属：卫矛科卫矛属

常绿灌木或小乔木。小枝绿色，微四棱形。单叶对生，边缘具浅钝锯齿，两面无毛。花黄绿色，密集聚伞花序，近枝顶腋生。蒴果扁球形，粉红色，4瓣裂，假种皮橘红色。花期5～6月，果期9～10月。

枝叶茂密，四季常青，叶色亮绿，且有许多花叶、斑叶变种，是美丽的观叶树种。

'金边'大叶黄杨

'金心'大叶黄杨

'银边'大叶黄杨

【常见品种】

'金边'大叶黄杨'Aureo-marginatus' 叶边缘金黄色。

'金心'大叶黄杨'Aureo-picns' 叶中脉附近金黄色，有时叶柄及枝端也呈黄色。

'银边'大叶黄杨'Albo- marginatus' 叶有狭白边。

枸　骨　*Ilex cornuta*

别名：鸟不宿

科属：冬青科冬青属

常绿灌木或小乔木。叶硬革质，长圆状方形，顶端扩大并有 3 枚大而尖的刺齿，基部平截，两侧各有坚硬刺齿 1 ～ 2 个。花黄绿色，簇生。核果球形，鲜红色，具 4 核。花期 4 ～ 5 月，果期 9 ～ 10（11）月。

枝叶稠密，叶形奇特，深绿光亮，入秋红果累累，经冬不凋，鲜艳美丽，是良好的观叶、观果树种。

【常见品种】

‘无刺’枸骨‘National’ 叶缘无刺齿。

冬　青 *Ilex purpurea*

科属：冬青科冬青属

常绿乔木。小枝浅绿色。叶薄革质，叶缘疏生浅齿，叶柄常为淡紫红色。聚伞花序着生于当年生嫩枝叶腋；花瓣紫红色或淡紫色。果实深红色，椭球形。花期5～6月，果期9～10（11）月。

枝叶茂密，四季常青，入秋有累累红果，经冬不落，宜作园景树及绿篱，也可盆栽或制作盆景观赏。

大叶冬青 *Ilex latifolia*

别名：苦丁茶
科属：冬青科冬青属

常绿乔木。小枝粗而有纵棱。叶大，厚革质，缘有细尖锯齿。花黄绿色，密集簇生于2年生枝叶腋，果红色。花期春季，果期秋季。

绿叶红果，颇为美丽，宜作园林绿化和观赏树种。嫩叶可代茶。

‘龟甲’冬青 *Ilex crenata* ‘Convexa’

科属：冬青科冬青属

常绿灌木或小乔木，多分枝。叶小而密生，叶面凸起，厚革质，表面深绿，有光泽。花小，白色。果球形，熟时黑色。

枝叶密生，叶面凸起，有光泽，常在公园、路边和庭院栽培，也可作为盆景材料。

黄 杨 *Buxus sinica*

别名：瓜子黄杨
科属：黄杨科黄杨属

常绿灌木或小乔木。小枝四棱，小枝及冬芽外鳞均有短柔毛。叶革质，仅表面有侧脉，背面中脉基部及叶柄有毛。头状花序密集，花簇生叶腋或枝端，黄绿色，背部被柔毛。蒴果卵圆形。花期 3 ～ 4 月，果期 7 月。

枝叶较疏散，青翠可爱，常孤植、丛植，用于庭院观赏或绿篱，也可修剪成各种造型布置花坛。

雀舌黄杨 *Buxus bodinieri*

别名：匙叶黄杨
科属：黄杨科黄杨属

常绿小灌木，分枝多而密集。小枝四棱形。叶薄革质，先端圆钝或微凹。头状花序腋生，蒴果卵圆形，熟时紫黄色。花期 8 月，果期 11 月。

植株低矮，枝叶茂密，耐修剪，是优良的矮绿篱材料。

乌 桕 *Sapium sebiferum*

科属：大戟科乌桕属

落叶乔木，具乳汁。叶片菱形、菱状卵形。花单性，雌雄同株。蒴果梨状球形，成熟时黑色。种子扁球形，黑色，外被白色蜡质的假种皮。花期4～8月，果10～11月成熟。

树冠整齐，叶形秀丽，入秋叶色红艳可爱。

山麻杆 *Alchornea davidii*

科属：大戟科山麻杆属

落叶小灌木。叶宽卵形至圆形，叶缘有锯齿，主脉由基部三出。花小，单性同株；雄花密生成短穗状花序；雌花疏生，排成总状花序，位于雄花序的下面。蒴果扁球形。花期3～5月，果期6～7月。

早春嫩叶及新枝均紫红色，十分醒目美观，平时叶也常带紫红褐色，是园林中常见的观叶树种之一。

一品红 *Euphobia pulcherrima*

别名：圣诞红
科属：大戟科大戟属

落叶灌木。叶互生，全缘或浅波状至浅裂状，绿色；生于花枝端诸苞片较小，通常全缘，开花时朱红色。杯状花序多数，生于枝端。花期10月至翌年4月。

有高干和矮生品种，苞片色彩丰富，在热带、亚热带地区常露地栽培，在长江流域及其以北地区多温室栽培观赏。

铁海棠 *Euphobia milii*

别名：麒麟刺、虎刺梅

科属：大戟科大戟属

直立或攀缘状灌木。茎有纵棱，多锥状硬尖刺。单叶互生，长倒卵形至匙形；无叶柄。杯状花序生于枝端，总苞钟形，总苞基部有鲜红色肾形苞片 2 枚。花期全年，但多数在秋、冬季。

原产于非洲马达加斯加，我国常温室盆栽观赏。

紫棉木 *Euphobia cotinifolia*

别名：肖黄栌
科属：大戟科大戟属

常绿灌木，多分枝。小枝及叶片均红褐色或紫红色。单叶互生或三叶轮生，形似乌桕，三角状卵形至卵圆形，但先端无尾尖，具长柄。

原产于热带非洲和西印度群岛；我国近年引种栽培。是常年红叶树种。

红背桂 *Excoecaria cochinensis*

科属：大戟科海漆属

常绿灌木。单叶对生，叶缘有细浅齿，叶背紫红色。花单性异株。蒴果球形，由 3 个小干果合成，红色。花期几乎全年。

枝叶飘飒，清新秀丽，盆栽常点缀室内厅堂、居室。

变叶木 *Codiaeum variegatum* var. *pictum*

科属：大戟科变叶木属

常绿灌木或小乔木。枝上有大而明显的圆叶痕。叶型变化大；色彩鲜明，有黄色、红色、绿色、紫黄色等，由于叶有色斑，变化多。

因其叶形、叶色变化显著、姿态美，深受人们的喜爱。

重阳木 *Bischofia polycarpa*

科属：大戟科重阳木属

落叶乔木。树皮褐色，纵裂。小叶卵形或椭圆状卵形，两面光滑。花绿色，成总状花序。果实球形浆果状，棕褐色。花期 4 ～ 5 月，果期 8 ～ 10 月。

枝叶茂密，树姿优美，早春嫩叶鲜绿光亮，入秋叶色转红，颇为美观。

爬山虎 *Parthenocissus tricuspidata*

别名：地锦、爬墙虎
科属：葡萄科地锦属

落叶攀缘藤本。卷须顶端膨大成圆形吸盘。单叶互生，通常3裂，幼枝上的叶常3全裂或3小叶，基部心形，叶缘有粗齿。聚伞花序常腋生于短枝顶端两叶之间，花两性。浆果球形，熟时蓝紫色，有白粉。花期6月，果期9～10月。

枝蔓纵横，新叶嫩绿，秋叶橙黄或砖红色，颇为美丽，是绿化围墙、山石、庭院入口或老树干的好材料。

五叶地锦 *Parthenocissus quinquefolia*

科属：葡萄科地锦属

攀缘性藤本。幼枝带紫红色，卷须与叶对生，先端膨大成吸盘。掌状复叶互生，具长柄，小叶5，叶缘有粗齿，质较厚，叶背稍具白粉并有毛。聚伞花序集成圆锥状，与叶对生，花黄绿色。浆果近球形，成熟时蓝黑色，稍带白粉。花期7～8月，果期9～10月。

垂直绿化材料，叶、果供观赏，秋叶红艳，更显美丽。

复羽叶栾树 *Koelreuteria bipinnata*

科属：无患子科栾树属

落叶乔木。2 回羽状复叶，小叶基部圆形，缘有锯齿。花黄色，顶生圆锥花序。蒴果卵形。花期 7 ~ 9 月，果期 10 ~ 11 月。

枝繁叶茂，夏日有黄花，秋日有红果，宜作庭荫树、园景树及行道树栽培。

全缘栾树

【变种】

全缘栾树 var. *integrifolia* 小叶全缘，仅萌蘖枝上的叶有锯齿或缺裂。

无患子 *Sapindus mukorossi*

科属：无患子科无患子属

落叶乔木。偶数羽状复叶，小叶互生或近对生。圆锥花序，花黄白色或带淡紫色。核果，熟时黄色或橙黄色，有光泽。种子球形，坚硬。花期5～6月，果期9～10月。

树形高大，树冠广展，绿荫稠密，秋叶金黄，颇为美观。

七叶树 *Aesculus chinensis*

科属：七叶树科七叶树属

落叶乔木。冬芽大，具树脂。小叶 5 ～ 7，倒卵状长椭圆形至长椭圆状倒披针形，叶缘具细锯齿，仅背面脉上疏生柔毛。花序圆筒形，白色。蒴果黄褐色，密生皮孔。花期 5 月，果期 9 ～ 10 月。

树干耸直，树冠开阔，姿态雄伟，叶大而形美，遮阴效果好，初夏又有白花开放，蔚然可观，是世界著名的观赏树种之一。

三角枫 *Acer buergerianum*

别名：三角槭
科属：槭树科槭属

落叶乔木。树皮长片状剥落。单叶常浅3裂，有时不裂，背面有白粉，幼时有毛。伞房花序顶生，有短柔毛。果核两面凸起，两果翅张开成锐角或近于平行。花期4月，果期9月。

秋叶变暗红色，颇为美观，是很好的秋色叶树种。

青榨槭 *Acer davidii*

科属：槭树科槭属

落叶乔木。枝干绿色平滑，有蛇皮状白色条纹。叶先端长尾状，缘具不整齐锯齿。果翅展开成钝角或近平角。花期4～5月，果期9月。

入秋叶色黄紫，颇为美观，可作园林绿化树种。

鸡爪槭 *Acer palmatum*

别名：青枫
科属：槭树科槭属

落叶小乔木。小枝细长光滑，紫色或灰紫色。叶掌状5～9深裂，叶缘有重锯齿。顶生伞房花序，紫红色。翅果小，展开成钝角，紫红色，成熟时黄色。花期5月，果期9～10月。

树姿优美，叶形秀丽，秋叶红艳，是名贵的秋叶树种。

【常见品种】

'红枫''Atropurpureum' 叶5～7深裂，常年红色或紫红色，枝条也常紫红色。

'羽毛'枫'Dissectum' 树冠开展而枝略下垂。叶深裂达基部，裂片狭长且羽状细裂，秋叶深黄至橙红色。

‘红枫’

‘羽毛’枫

黄连木 *Pistacia chinensis*

别名：楷木

科属：漆树科黄连木属

落叶乔木；树皮小方块状裂。冬芽红褐色。偶数（稀奇数）羽状复叶互生，小叶 5 ～ 7 对，基部不对称。圆锥花序；先叶开花。核果球形，略压扁，熟时红色或紫蓝色。花期 3 ～ 4 月，果期 9 ～ 11 月。

枝繁叶茂，雌花序紫红，秋叶变鲜红或橙黄，甚为美观，宜作园景树观赏。

清香木 *Pistacia weinmannifolia*

科属：漆树科黄连木属

常绿乔木，常成灌木状。小枝、嫩叶及花序密生锈色绒毛。偶数羽状复叶，叶轴有窄翅，小叶长椭圆形，先端圆顿或微凹。花单性异株；圆锥花序腋生。核果熟时红色。果期8～10月。

全株具浓烈清香味，枝叶青翠，适于整形，作庭院栽植、绿篱或盆栽。

香　椿　*Toona sinensis*

科属：楝科香椿属

落叶乔木。树皮暗褐色，长条片状纵裂。小枝粗壮。叶痕大，扁圆形；偶数羽状复叶（稀奇数）互生，基部不对称，全缘或有不明显钝锯齿。复聚伞花序顶生；花小，白色。蒴果5瓣裂。花期6月，果期10～11月。

树干通直，材质优良，素有“中国桃花心木”之誉，是优良树种。

川　楝 *Melia toosendan*

科属：楝科楝属

落叶乔木。2 回羽状复叶互生，小叶长卵形，全缘或有不明显之钝齿。核果较大。花期 4～5 月，果期 10～12 月。

是优良的速生用材及城乡绿化树种。

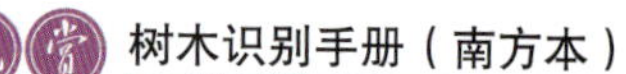

楝　树 *Melia azedarach*

别名：苦楝
科属：楝科楝属

落叶乔木。树皮灰褐色，纵裂。叶为2～3回奇数羽状复叶；小叶对生，边缘有钝锯齿。圆锥花序，花芳香；花瓣淡紫色。核果球形至椭圆形。花期4～5月，果期10～12月。

树形优美，叶形秀丽，春夏之交开淡紫色花朵，颇为美丽，且有淡香。

米仔兰 *Aglaia odorata*

别名：米兰、树兰
科属：楝科米仔兰属

常绿灌木或小乔木，多分枝。幼枝顶部密被锈色星状鳞片。羽状复叶互生，叶轴有窄翅，小叶对生。花小而多，黄色，极香。浆果近球形。花期夏至秋季，果期9月至翌年3月。

现全国各地都用作盆栽，既可观叶又可赏花，醇香诱人，为优良的芳香植物。

八角金盘 *Fatsia japonicas*

科属：五加科八角金盘属

常绿灌木。叶掌状 7 ~ 9 裂，缘有齿；表面有光泽。花小，白色。果实径约 8mm。花期 10 ~ 11 月，果期翌年 5 月。

叶大有光泽而常绿，是良好的耐阴观叶树种。

常春藤 *Hedera helix*

别名：洋常春藤
科属：五加科常春藤属

常绿藤本。茎借气生根攀缘。营养枝上的叶为三角状卵形，全缘或3裂。伞形花序，花淡绿白色，芳香。果球形，熟时红色或黄色。花期8～9月，翌年4～5月果熟。

在庭园中可用以攀缘假山、岩石，或在建筑阴面作垂直绿化材料。

中华常春藤 *Hedera nepalensis* var. *sinensis*

科属：五加科常春藤属

常绿藤本。幼枝上柔毛为鳞片状。营养枝上的叶全缘或3浅裂；花果枝的叶椭圆状卵形或卵状披针形，全缘。花淡黄白色或淡绿白色；伞形花序，果黄色或红色。花期8～9月，果翌年3月成熟。

枝叶浓密常青，可用作攀缘假山、树干材料和盆栽材料。

鹅掌柴 *Schefflera heptaphylla*

科属：五加科鹅掌柴属

乔木或灌木状。掌状复叶互生，基部膨大并包茎。花小，白色，有香气；伞形花序集成大圆锥花序。浆果球形。花期 11 ～ 12 月，果期 12 月。

大型盆栽植物，适用于宾馆大厅、图书馆的阅览室和博物馆展厅摆放，呈现自然和谐的绿色环境。

灰　莉 *Fagraea ceilanica*

科属：马钱科灰莉属

常绿小乔木。叶对生，革质，有光泽。花冠白色，漏斗状五裂，花 1 ～ 3 朵聚伞状。浆果卵球形。花期 4 ～ 6（8）月，果期 7 月至翌年 3 月。

枝叶繁茂，叶色浓绿光洁，花色洁白而有清香。在暖地宜植于庭院观赏或栽作绿篱。

夹竹桃 *Nerium oleander*

科属：夹竹桃科夹竹桃属

常绿灌木。叶革质，窄披针形，中脉显著，侧脉密生而平行，叶缘略反卷。花冠深红色、粉红色或白色，单瓣5枚。蓇葖果。花期6～10月。

枝叶繁茂，四季常青，花期极长，花朵密集，色彩艳丽，适应性强，是城市绿化的极好树种。

黄花夹竹桃 *Thevetia peruviana*

科属：夹竹桃科黄花夹竹桃属

常绿灌木或小乔木，体内具乳汁。叶互生，线形至线状披针形，中脉明显，表面有光泽。花大黄色，成顶生聚伞花序。核果扁三角状球形，由绿变红，最后变成黑色。花期5～12月，果期8月至翌年春季。

开花近8个月，是不可多得的夏季观花树种。

‘鸡蛋花’ *Plumeria rubra* ‘Acutifolia’

科属：夹竹桃科鸡蛋花属

小乔木。枝粗肥多肉，三叉状分枝，有乳汁。叶常集生枝端。花冠漏斗状，5裂，外面白色，里面基部黄色，芳香；成顶生聚伞花序。蓇葖果双生。花期7～8月，果期10～12月。

夏季开花，清香优雅；落叶后，光秃的树干弯曲自然，其状甚美。

红皱藤 *Mandevilla×amabilis*

别名：飘香花

科属：夹竹桃科双腺花属

常绿蔓性灌木。叶对生，先端钝或微尖，基部圆或近心形，叶面有皱，花冠筒外黄色，里面与花冠裂片同为红色或粉红色。花期春至秋季。

花色花姿优美，花期长，是暖地优良的盆景和花篱材料。

长春蔓　*Vinca major*

别名：蔓长春花

科属：夹竹桃科长春蔓属

常绿蔓性灌木。营养枝匍卧地面，开花枝直立。单叶对生，卵形，叶缘、叶柄有毛。花单生于叶腋；花萼及花冠喉部有毛；花冠高脚碟状，蓝紫色，5 裂，裂片左旋。蓇葖果双生直立。花期 4 ～ 5 月。

花叶秀美，是极好的地被植物材料；花叶品种也非常适合盆栽观赏。

大纽子花 *Vallaris indecora*

科属：夹竹桃科纽子花属

攀缘灌木，具乳汁。茎皮淡灰色，具皮孔。叶纸质，基部圆形，具有透明的腺体，叶背被短柔毛。花土黄色，花萼裂片被柔毛；花冠筒内外面均被短柔毛。蓇葖果。花期3～6月，果期秋季。

有攀缘习性，花期较长，宜植于棚架下，让其攀上棚顶作荫蔽物。

大花曼陀罗 *Brugmansia suaveolens*

科属：茄科曼陀罗属

灌木或小乔木。小枝灰白色。叶具长柄，互生，暗绿色。花冠漏斗形，花有白色、黄色、粉红色，下垂，有芳香。果纺锤形，绿色。花期6～11月，果期10～12月。

枝叶扶疏、花形美观，花朵硕大，美味浓烈，可作庭院或角隅的观赏材料或温室盆栽。

海州常山 *Clerodendrum trichotomum*

科属：马鞭草科赪桐属

落叶灌木或小乔木。幼枝、叶柄、花序轴有黄褐色柔毛。叶阔卵形。顶生或腋生伞房状聚伞花序；花萼紫红色，5裂至基部，中部略膨大；花冠白色或粉红色，5裂。核果球形，蓝紫色，包藏于增大的紫红色宿萼内。花果期6～11月。

花果美丽，观赏期长，是良好的观赏花木，适宜配置于各类绿地。

马缨丹 *Lantana camara*

别名：五色梅

科属：马鞭草科马缨丹属

常绿半藤状灌木，全株有毛。小枝有倒钩状皮刺。叶揉碎有强烈气味。头状花序腋生，有长总梗；花冠初为黄色或粉红色，渐变为橙黄色或橘红色，最后转为深红色，花序上同时有多种花色。果实球形，熟时紫黑色。

花美丽，南方各地常在庭院中栽培观赏，或作开花地被，北方盆栽观赏。

桂　花　*Osmanthus fragrans*

别名：木犀
科属：木犀科木犀属

常绿小乔木。单叶对生，缘具疏齿或近全缘，硬革质；叶腋具2～3叠生芽。花小，淡黄色，极芳香，常雌蕊或雄蕊不育而成单性。核果蓝紫色。花期8～10月，果期翌年3～5月。

树干端直，树冠圆整，四季常青，花期正值仲秋，香飘数里，是中国传统的园林花木。

【常见品种】

‘丹桂’‘Aurantiacus’　花橘红色或橙黄色，香味差，发芽较迟。

‘金桂’‘Thunbergii’　花黄色至深黄色，香气最浓，经济价值高。

‘银桂’‘Latifolius’　叶较宽大。花近白色或黄白色，香味较金桂淡。

‘四季’桂‘Semperflorens’　花黄白色，5～9月陆续开放，但仍以秋季开花较盛。其中有子房发育正常能结实的‘月月桂’等品种。

刺　桂　*Osmanthus heterophyllus*

别名：柊树

科属：木犀科木犀属

常绿灌木或小乔木。叶硬革质，边缘常有 3 ～ 5 对大刺齿，少有全缘，但老树叶全缘。花单性异株，白色，甜香，簇生于叶腋。核果蓝黑色。花期 11 ～ 12 月，果期翌年 10 月。

四季常青，入秋百花朵朵，香气弥漫，沁人心脾，是园林绿化的优良树种。

尖叶木犀榄 *Olea ferruginea*

科属：木犀科木犀榄属

常绿灌木或小乔木。叶对生，狭披针形，全缘，表面深绿光亮，背面灰绿，密生锈色鳞片。花白色。夏季开花。

枝叶细密，嫩叶淡黄色，颇为美观，是良好的园林绿化树种。

流苏树 *Chionanthus retusus*

别名：茶叶树、乌金子
科属：木犀科流苏树属

落叶灌木或乔木。单叶对生，叶卵形至倒卵状椭圆形。花两性，白色，圆锥花序；花冠4深裂，花冠筒极短。核果蓝黑色。花期4～5月，果期9～10月。

花密优美，花形奇特，秀丽可爱，是优美的观赏树种。

女贞属（*Ligustrum*）：单叶对生，全缘。花小，白色，花萼、花冠各 4 裂，雄蕊 2；顶生圆锥花序。核果。

女　贞 *Ligustrum lucidum*

别名：冬青、蜡树
科属：木犀科女贞属

常绿乔木。小枝无毛。叶卵形或卵状长椭圆形，长 6 ～ 12cm，革质而有光泽。花冠裂片与筒部等长。核果蓝黑色。花期 6 ～ 7 月，果期 11 ～ 12 月。

树形美观，四季常青。常于庭园栽培观赏或作绿篱用，是街道、工矿区绿化观赏的理想树种。

小叶女贞 *Ligustrum quihoui*

科属：木犀科女贞属

落叶或半常绿灌木。小枝幼时有毛。叶薄革质，无毛，花无梗，花冠裂片与筒部等长。圆锥花序长 10 ～ 20cm。花期 6 ～ 7 月，果期 9 ～ 10 月。

枝叶紧密，树冠圆整，园林中主要作绿篱栽植。

小　蜡 *Ligustrum sinense*

别名：山指甲
科属：木犀科女贞属

半常绿灌木或小乔木，小枝密生短柔毛。叶背面沿中脉有短柔毛。花芳香，花轴有短柔毛，花冠裂片长于筒部，雄蕊超出花冠裂片，花梗细而明显；圆锥花序长 4 ～ 10cm。花期 4 ～ 5 月。

枝叶繁茂，萌芽力强，宜作绿篱或修剪造型。

【常见品种】

‘红药’小蜡‘Multiflorum’ 花药红色，开花时红色花药配以白色花冠，十分美丽。

‘银边’小蜡‘Variegatum’ 叶灰绿色，边缘白色或黄白色。

‘垂枝’小蜡‘Pendulum’ 小枝下垂。

金叶女贞 *Ligustrum×vicaryi*

别名：黄叶女贞
科属：木犀科女贞属

加州金边女贞与欧洲女贞的杂交种。落叶或半常绿灌木。叶金黄色。总状花序。核果宽椭圆形，紫黑色。花期6～7月，果9～10月成熟。

叶金黄色，鲜丽可爱，是色块构建、绿篱的好材料。

迎　春 *Jasminum nudiflorum*

别名：迎春花、金腰带

科属：木犀科茉莉属

落叶灌木。枝细长拱形，绿色，四棱。三出复叶对生，小叶表面有基部突起的短刺毛。花黄色，单生叶腋，先叶开放；花冠6裂，约为花冠筒长度的1/2。通常不结果。花期2～4月。

枝绿色轻柔飘洒，串缀金黄色花朵，饱含喜迎春天到来之愉悦，十分美观。

【附】

云南黄馨（南迎春）*J. mesnyi*　半常绿灌木。叶面光滑。花较迎春花大，径3.5～4cm，花冠6裂或半重瓣。2～4月开花，花期长。

素馨花 *Jasminum grandiflorum*

科属：木犀科茉莉属

常绿藤木。羽状复叶对生，小叶 5 ～ 9，长 3 ～ 8cm。花冠高脚碟状，白色，花冠筒长 1.5 ～ 2.5cm，裂片长约 1.5 ～ 2.5cm；2 ～ 9 朵成聚伞花序，顶生或腋生，花序周边的花梗明显长于花序中央的花梗。花期 8 ～ 10 月。

花繁色白，芳香袭人，是攀缘绿化的好材料，也是重要的芳香植物。

雪 柳 *Fontanesia fortunei*

科属：木犀科雪柳属

落叶灌木。枝细长直立。四棱形。叶披针形，全缘，无毛。花小，花冠4裂几乎达基部，绿白色或微带红色，雄蕊2，圆锥花序顶生或腋生。小坚果扁，周围有翅。5（6）月开花。

枝条稠密柔软，叶细如柳，晚春白花满树，宛如积雪，颇为美观，多作自然式绿篱或防风林下木。

毛泡桐 *Paulownia tomentosa*

别名：紫花泡桐、绒毛泡桐、桐
科属：玄参科泡桐属

落叶乔木。幼枝、幼果密被黏腺毛，后渐光滑。单叶对生，阔卵形，基部心形，全缘，有时3浅裂，表面被柔毛及腺毛。圆锥花序，花萼裂至中部，花冠漏斗状钟形，鲜紫色或蓝紫色，内有紫斑及黄色条纹，先叶开放。蒴果卵形，长3～4cm。花期4～5月，果期8～9月。

树干端直，树冠宽大，叶大荫浓，春季先叶开放，满树鲜紫色，美丽而壮观，是观姿、观花的好树种。

泡 桐 *Paulownia fortunei*

别名：白花泡桐
科属：玄参科泡桐属

落叶乔木。小枝粗壮，中空，幼时被星状绒毛，后渐脱落。单叶对生，心状长圆形，基部心形，全缘。圆锥花序，花冠漏斗状，喉部压扁，外面白色，里面淡黄色并有大小紫斑，先叶开放。蒴果长椭圆形，长 6～10cm。7～8 月果熟。

树干端直，树冠宽大，春天白花满树，夏日浓荫如盖，常作庭荫树及行道树。

梓　树 *Catalpa ovate*

科属：紫葳科梓树属

落叶乔木。叶对生或3叶轮生，广卵形，通常3～5浅裂，背面基部脉腋有紫斑。顶生圆锥花序，花淡黄色，内有黄色条纹及紫斑。蒴果细长如筷下垂。花期5～6月，果期8～9月。

树冠开展，叶大荫浓，春夏黄花满树，秋冬细长如筷的蒴果悬挂枝头，是优良的园林观赏树种。

楸　树　*Catalpa bungei*

科属：紫葳科梓树属

落叶乔木。叶对生或轮生，卵状三角形，有时近基部有 3 ～ 5 对尖齿，背面脉腋有紫斑。顶生总状花序，花冠浅粉色，内面有紫红色斑点。蒴果细长下垂。种子具毛。花期 4 ～ 5 月，果期 6 ～ 10 月。

树姿雄伟，干直荫浓，花大美观，是优良的绿化观赏树种。

滇　楸 *Catalpa fargesii* f. *duclouxii*

别名：光灰楸

科属：紫葳科梓树属

落叶乔木。树皮片状开裂，小枝、叶和花序均无毛。单叶对生或轮生，三角状卵形。聚伞状圆锥花序，花冠淡紫色，内面有暗紫色斑点。蒴果细长。花期 3 ～ 4 月，果期 6 ～ 11 月。

树干端直，枝叶光滑无毛，春日紫花满树，是观姿、观花的好树种。

蓝花楹 *Jacaranda mimosifoia*

别名：含羞草叶蓝花楹
科属：紫葳科蓝花楹属

落叶乔木。2回羽状复叶对生，羽片15对以上，小叶长椭圆形，两端尖，全缘。顶生圆锥花序，花冠二唇形，5裂，蓝色，叶落花开。蒴果木质，卵球形。种子有翅。花期春末至初秋，冬季果熟。

树姿优美，绿荫如伞，叶纤细似羽，盛花期满树蓝花，秀丽清雅，是优良的观赏树种。

硬骨凌霄 *Tecomaria capensis*

别名：南非凌霄

科属：紫葳科硬骨凌霄属

常绿半攀缘性灌木。羽状复叶对生，小叶广卵形，叶缘具不规则锯齿。顶生总状花序，花冠5裂，二唇形，橙红色，长漏斗状，雄蕊伸出筒外。蒴果扁线形，多不结实。花期6～9月。

树姿蜿蜒，四季常青，叶片秀雅，橙红色花冠漏斗状，夏、秋季节开花不绝，是观花以及垂直绿化的好材料。

美国凌霄 *Campsis radicans*

别名：杜凌霄、上树龙、厚萼凌霄
科属：紫葳科凌霄属

落叶木质藤本。茎具气生根。奇数羽状复叶对生，小叶卵状长圆形，叶缘有 4 ~ 5 粗锯齿。顶生圆锥花序，花冠筒部橘红色，裂片鲜红色，花萼片裂浅。蒴果圆筒形，顶端尖。花期 6 ~ 8 月，果期 11 月。

干枝虬曲多姿，疏影参差，碧叶葱葱，花大色艳，是理想的垂直绿化材料。

炮仗花 *Pyrostegia venusta*

科属：紫葳科炮仗藤属

常绿藤本。茎粗壮有棱。三出复叶对生，顶生小叶变成线形、三叉的卷须，叶卵状长椭圆形，全缘，背面有穴状腺体。圆锥状聚伞花序下垂，花冠5裂，橙红色，筒状，花丝与花柱伸出花冠外。蒴果线形。种子具膜质翅。花期1～5月，果期夏季。

花序累累，橙红鲜艳，极似鞭炮，是理想的垂直绿化材料。

栀　子 *Gardenia jasminoides*

别名：黄栀子、山栀
科属：茜草科栀子属

常绿灌木。单叶对生或3叶轮生，全缘，有光泽。花单生枝端或叶腋，花冠高脚杯状，白色，浓香。浆果具5～8条纵棱，顶端具宿萼，熟时黄色转橙红色。花期6～8月，果期9月。

树冠丰满，叶色亮绿，四季常青，花大洁白，芳香馥郁，浆果红色，是观叶、观花的香花树种。

六月雪 *Serissa japonica*

别名：白马骨、满天星

科属：茜草科六月雪属

常绿或半常绿小灌木。分枝密集，小枝被柔毛，枝叶及花揉碎有臭味。单叶对生或簇生，叶小，长椭圆形至卵形，全缘。花小，单生或数朵簇生；花冠白色或淡粉紫色。核果球形，具 2 核。花期 5 ~ 6 月，果期 6 ~ 7 月。

树形纤巧，枝叶密集细小，夏日盛花，远看银装素裹，犹如六月飘雪，玲珑清雅，是观花及室内外盆栽的好树种。

大花六道木 *Abelia×grandiflora*

科属：忍冬科六道木属

半常绿灌木。幼枝红褐色。单叶对生，卵状菱形，叶缘有疏齿，表面暗绿有光泽。顶生圆锥花序，松散，花冠5裂，白色或略带红晕，花萼粉红色。瘦果长圆形，宿存4枚增大的花萼。花期7月晚秋，果期冬季。

枝叶细密，秋日满树白花，秋叶铜褐色，是观花、观叶的好树种。

‘红王子’锦带花 *Weigela florida* ‘Red Prince’

科属：忍冬科锦带花属

落叶灌木。小枝具两行柔毛。单叶对生，卵状椭圆形，叶缘有锯齿，叶背脉上具柔毛。聚伞花序，花冠5裂，鲜红色，漏斗状；花萼5深裂。蒴果柱状。种子无翅。花期5月，果期11月。

枝叶繁茂，花色艳丽下垂，花朵密集鲜红，是观花的好树种。

海仙花 *Weigela coraeensis*

科属：忍冬科锦带花属

落叶灌木。单叶对生，阔椭圆形，叶缘具粗锯齿，顶端尾状，基部阔楔形。聚伞花序腋生，花萼线形，裂达基部；花冠漏斗状钟形，初为白色、黄白色或淡玫瑰红色，后变为深红色。蒴果柱状。种子有翅。花期5～6月，果期9～10月。

树冠丰满，枝叶茂密粗大，花色由浅变深，盛花时几种花色同时出现，美丽动人，是观花的好树种。

木本绣球 *Viburnum macrocephalum*

别名：木绣球、斗球
科属：忍冬科荚蒾属

落叶或半常绿灌木。大枝开展，裸芽，幼枝及叶背面密被星状毛。单叶对生，卵形至卵状椭圆形，先端钝，叶缘具细锯齿。大型聚伞花序球状，形如绣球，全为不育花；花冠白色，花萼无毛。不结果。花期4～5月。

树枝开展，繁花满树，花序大如绣球，极为美观，是观花的好树种。

荚　蒾　*Viburnum dilatatum*

科属：忍冬科荚蒾属

落叶灌木。单叶对生，顶端锐尖，叶缘有三角状齿，背部两侧有少数腺体和多数小腺点。复聚伞花序，全为两性的可育花；花冠白色，雄蕊长于花冠。核果近球形，深红色。花期5～6月，果期9～10月。

树形丰满，白花满枝，红果累累，秋叶红色，令人赏心悦目，是观花以及制作盆景的好材料。

珊瑚树 *Viburnum odoratissimum* var. *awabuki*

别名：法国冬青
科属：忍冬科荚蒾属

常绿灌木或小乔木。枝有小瘤状凸起的皮孔。单叶对生，长椭圆形，先端钝，近顶部有不规则的浅波状钝齿，表面深绿而有光泽，背面浅绿色。顶生圆锥状聚伞花序，花萼筒钟状；花冠辐射状，白色芳香。核果先红后黑。花期5～6月，果期9～10月。

枝叶繁茂，终年碧绿光亮，春日白花，深秋果实鲜红，壮如珊瑚，甚为美观，是观叶、观果以及高篱的好树种。

忍　冬　*Lonicera japonica*

别名：金银花、二色花藤、鸳鸯花

科属：忍冬科忍冬属

半常绿缠绕藤本。单叶对生，椭圆状卵形。花成对腋生，苞片叶状；花冠二唇形，先白后黄，极芳香。浆果黑色。花期 5 ～ 7 月，果期 10 ～ 11 月。

植株轻盈蜿蜒，花黄白相映，芳香怡人，是优良的垂直绿化植物。

金银木 *Lonicera maackii*

别名：金银忍冬
科属：忍冬科忍冬属

落叶灌木。叶卵状披针形，全缘，两面疏生柔毛，先端渐尖。花成对腋生，总花梗短于叶柄，苞片线形；花冠二唇形，先白后黄，芳香。浆果红色。花期 5 ~ 6 月，果期 9 ~ 10 月。

树形丰满，初夏花香怡人，秋季红果满枝，是良好的观花、观果灌木。

棕　榈 *Trachycarpus fortune*

别名：棕树、棕
科属：棕榈科棕榈属

常绿乔木。具纤维网状叶鞘；叶簇生茎端，掌状深裂至中部以下，顶端2浅裂，不下垂，叶柄两边有细齿。雌雄异株。花期4～5月，果期10～12月。

树形优美，树干通直，叶形如扇，颇具热带风韵。

蒲　葵 *Livistona chinensis*

别名：扇叶葵、葵树
科属：棕榈科蒲葵属

常绿乔木。叶裂较浅，裂片先端2裂并柔软下垂，叶柄两边有倒刺。花两性。春夏开花，11月果熟。

树形优美，大型叶片可制葵扇等，是园林结合生产的优良树种。

丝　葵

Washingtonia filifera

别名：加州蒲葵、老人葵、华盛顿棕、华棕

科属：棕榈科丝葵属

常绿乔木，干近基部径可达1.3m。叶裂片边缘有垂挂的纤维丝。花两性，浆果状核果球形。夏季开花，冬季果熟。

叶裂片间特有的白色纤维丝，犹如老翁的白发，奇特有趣，是极好的绿化树种。

棕　竹　*Rhapis excelsa*

别名：观音竹、筋头竹、棕榈竹、矮棕竹
科属：棕榈科棕竹属

丛生灌木。叶 5 ～ 10 掌状深裂，裂片较宽；叶柄顶端的小戟突常半圆形。花期 4 ～ 5 月，果期 10 ～ 12 月。

秀丽青翠，叶形优美，株丛饱满，杆如竹，叶如棕，故名棕竹。

细叶棕竹　*Rhapis humilis*

科属：棕榈科棕竹属

高 1.5 ～ 3m。叶掌状 7 ～ 20 深裂，裂片狭长；叶柄顶端的小戟突常三角形。

秀丽青翠，叶形优美，深受人们喜爱。

多裂棕竹 *Rhapis mutifida*

别名：金山棕竹
科属：棕榈科棕竹属

叶掌状 (20)25 ～ 30 深裂，裂片狭条形，先端渐尖，缘有细齿，两侧及中间之裂片较宽（约 2cm），并有两条纵脉，其余裂片仅 1 条纵脉，宽 1cm。

叶片细裂而清秀，深受人们喜爱。

长叶刺葵 *Phoenix canariensis*

别名：加纳利海枣
科属：棕榈科刺葵属

常绿乔木。单干粗壮，干上覆以老叶柄基部，叶柄断面不规则形，叶柄基脱落后有整齐的鱼鳞状叶痕。羽状复叶大型，呈弓状弯曲，集生于茎端。果熟时橙黄色。花期5～7月，果期8～9月。

树形优美舒展，美丽壮观，富有热带风情，是著名的景观树。

银海枣 *Phoenix sylvestris*

别名：林刺葵、中东海枣
科属：棕榈科刺葵属

常绿乔木。干上密被狭长的叶柄基部。羽状复叶灰绿色；小叶剑形，排成 2 ～ 4 列；叶轴下部针刺常 2 枚簇生。花白色，熟时橙黄色。花期 3 ～ 4 月，果期 7 ～ 8 月。

树干高大挺拔，树冠婆娑优美，富有热带气息，为优美的热带风光树。

软叶刺葵 *Phoenix roebelenii*

别名：江边刺葵、美丽针葵
科属：棕榈科刺葵属

常绿灌木。茎丛生，栽培时常单生，茎上具宿存的三角状叶柄基部。羽状复叶常拱垂，小叶较柔软，二列，下部小叶成刺状。花黄色。果黑色。花期4～5月，果期6～9月。

叶片柔软而弯垂，树形优美。

散尾葵 *Chrysalidocarpus lutescens*

科属：棕榈科散尾葵属

丛生灌木。茎干如竹，有环纹。羽状复叶，小叶条状披针形，二列，先端渐尖，背面光滑，叶柄和叶轴常呈黄绿色，上部有槽，叶鞘光滑。

是热带著名的观叶植物，姿态优美，是大量生产的盆栽棕榈植物之一。叶是插花的好材料。

狐尾椰子 *Wodyetia bifurcate*

科属：棕榈科狐尾椰子属

茎干单生，光滑，有环纹，稍呈瓶状。羽状复叶拱形；小叶狭披针形，亮绿色，在叶轴上分节轮生，形似狐尾；叶柄短，叶鞘包茎，形成明显的冠茎。雌雄同株，花浅蓝色；花序生于冠茎下，分枝多。果熟时橘红至橙红色。

树形高大挺拔，叶形奇特优雅，是热带、亚热带地区最受欢迎的棕榈植物之一。

鱼尾葵 *Caryota ochlandra*

别名：假桄榔

科属：棕榈科鱼尾葵属

常绿乔木。树干单生，干具环状叶痕。大型2回羽状复叶集生干端，小叶鱼尾状半菱形。花序长约3m。果粉红色。花期6～7月，一生中能多次开花。

树干通直，树形美观，叶形奇特，供观赏。

短穗鱼尾葵 *Caryota mitis*

科属：棕榈科鱼尾葵属

树干常丛生，植株较矮 (5 ～ 9m)，基部有吸枝。小叶较小，叶柄具黑褐色毡状鳞片。花序较短，长约 60cm。果熟时蓝黑色。

是优美的园林绿化树种。

单穗鱼尾葵 *Caryota monostachya*

科属：棕榈科鱼尾葵属

丛生灌木（1～3m）。2 回羽状复叶；小叶广楔形。花序多为单穗，长 30～60cm，偶有 2～3 分枝。

树干通直，树形美观，叶形奇特，供观赏。

董　棕　*Caryota obtuse*

别名：钝叶鱼尾葵

科属：棕榈科鱼尾葵属

常绿乔木。茎具环状叶痕，有时中下部增粗成瓶状。大型2回羽状复叶集生干端，小叶斜菱形。圆锥花序。果球形黑色。花期6～10月，果期5～12月。

树形美观，树干挺直，叶片排列整齐，是热带地区优良的行道树及庭园观赏树。

孝顺竹 *Bambusa multiplex*

别名：凤凰竹、蓬莱竹
科属：禾本科孝顺竹属

中小型竹类。地下茎合轴丛生。秆丛生，节具多枚分枝，分枝从秆基部第二或第三节开始，上半部被棕色至暗棕色小刺毛。箨鞘顶端圆拱；箨叶直立，长三角形；箨耳、箨舌不显著。每小枝具叶5～9枚，叶线状披针形。笋期9～11月。

株形若大，竹秆丛生，四季青翠，姿态婆娑秀丽，为传统赏叶竹种。

【常见品种】

‘凤尾’竹‘Fernleaf’ 秆细小而空心，叶也细小；每小枝具叶9～13枚，羽状二列。

‘观音’竹（‘实心’凤尾竹）‘Riviereorum’ 秆紧密丛生，实心；每小枝具叶13～23枚，羽状二列。

‘凤尾’竹

佛肚竹　*Bambusa ventricosa*

别名：小佛肚竹、罗汉竹、葫芦竹
科属：禾本科孝顺竹属

灌木状丛生竹类。秆丛生，幼秆深绿色，稍被白粉；秆有二型，正常秆节间长，畸形秆节间短，秆基部显著膨大呈瓶状，形似佛肚。箨耳明显，每小枝具叶 7 ～ 13，叶卵状披针形。

株形灌木状，竹秆畸形，节间膨大，状若佛肚，形态奇异，观赏价值高，常盆栽，人工截顶而形成畸形植株以供观赏；露地栽培则形成高大竹丛。

‘黄金间碧’竹 *Bambusa vulgaris* ‘Vittata’

别名：‘青丝金’竹、‘黄金间碧玉’竹
科属：禾本科孝顺竹属

大型丛生竹类。秆丛生，黄色，节间正常，具有宽窄不等的绿色纵条纹。箨鞘初为有黄色纵条纹后为草黄色；箨耳近等大；箨舌短，边缘具细齿；箨叶直立，长三角形。叶披针形。

株形若大，竹秆、枝叶黄绿条纹相间，竹大劲直，风姿独特，颇为壮观，观赏性强，是著名的观赏竹类。

毛 竹 *Phyllostachys edulis*

别名：孟宗竹、猫头竹
科属：禾本科刚竹属

大型竹类。秆散生，新秆密被柔毛和白粉；基部节间短，分枝以下秆环不明显，仅箨环隆起，初被一圈脱落性毛。秆箨密被棕褐色毛和黑褐色斑点；箨耳小；箨舌宽短，弓形，两侧下延；箨叶绿色，长三角形。枝叶二列状排列，每小枝有叶 2 ～ 3，叶较小，披针形。笋期 3 ～ 4 月。

株形若大，秆形高大，枝叶秀丽，优雅潇洒。

紫　竹　*Phyllostachys nigra*

别名：黑竹、乌竹、散生竹

科属：禾本科刚竹属

灌木状小型竹类。新秆淡绿色，密被细柔毛和白粉，一年后秆呈紫黑色，箨环与秆环均甚隆起。箨鞘密被淡褐色刺毛而无斑点；箨耳发达，镰刀形，紫黑色；箨舌长，紫色；箨三角状披针形，绿色，有多数紫色脉纹。每小枝有叶2～3，叶披针形。笋期4月下旬。

竹秆紫黑，竹叶翠绿细小，别具特色，为著名的观赏竹种。

金　竹　*Phyllostachys sulphurea*

别名：黄皮刚竹、黄金竹
科属：禾本科刚竹属

大中型竹类。新秆、老秆均为金黄色，秆表面呈猪皮毛孔状；节下有白粉环，分枝以下的秆环不明显。箨鞘无毛，淡黄绿色，有绿色条纹及褐色至紫褐色斑点，无箨耳，箨舌边缘有纤毛；箨叶细长呈带状下垂，绿色，边缘肉红色。每小枝有叶 2 ～ 6，叶披针形。笋期 7 ～ 8 月。

株形若大，竹秆金黄，竹叶秀美，为观秆、观叶的名贵竹种。

阔叶箬竹 *Indocalamus latifolius*

科属：禾本科箬竹属

矮生型竹类，呈灌木状。秆散生，每节1分枝。秆箨宿存，背面有棕色刺毛；箨耳不明显，箨叶小，箨舌平截。每小枝有叶1～3，叶通常大型，有多条次脉。笋期4～5月。

株形矮小，竹秆散生，竹叶宽大，为观叶的名贵竹种。

参 考 文 献

陈建新. 2012. 园林植物[M]. 北京：科学出版社.

陈有民. 2011. 园林树木学[M]. 2版. 北京：中国林业出版社.

邓莉兰. 2009. 园林植物识别与应用实习教程[M]. 北京：中国林业出版社.

方彦，何国生. 2008. 园林植物[M]. 北京：高等教育出版社.

刘云彩，施莹，张学星. 2008. 云南城市绿化树种[M]. 云南：云南民族出版社.

刘金海，王秀娟. 2009. 观赏植物栽培[M]. 北京:高等教育出版社.

祁承经，汤庚国. 2005. 树木学（南方本）[M]. 北京：中国林业出版社.

西南林学院，云南省林业厅. 1990. 云南树木图志[M]. 昆明：云南科技出版社.

杨红明，马俊. 2008. 昆明景观植物鉴赏[M]. 北京：中国林业出版社.

张茂钦，左显东. 2004. 木本花卉100种[M]. 云南：云南民族出版社.

张天麟. 2010. 园林树木1600种[M]. 北京：中国建筑工业出版社.

卓丽环. 2006. 园林树木[M]. 北京：高等教育出版社.

中文名索引

A

矮杨梅 81
矮棕竹 252
安石榴 161
凹叶厚朴 33
澳洲金合欢 137

B

八角金盘 204
巴西刺桐 148
白柏 18
白蒂梅 80
白果 2
白花垂丝海棠 134
白花泡桐 231
白克木 61
白兰 36
白兰花 36
白马骨 240
白牛筋 131
白桑 67
白芽松 6
白玉兰 28
百日红 155
宝巾 83
北美鹅掌楸 44
北美红杉 12
比利时杜鹃 103
扁柏 16,18
变色月季 111
变叶木 187
波罗蜜 69

C

侧柏 16
茶梅 85
茶梅花 85
茶叶树 221
檫木 51
檫树 51
长柄翠柏 23
长春蔓 213
长毛松 7
长叶刺葵 255
长叶世界爷 12
常春藤 205
常春油麻藤 151
常绿油麻藤 151
柽柳 98
秤杆红 86
池杉 14
池柏 14
重瓣白木香 113
重瓣白樱花 116
重瓣垂丝海棠 134
重瓣红樱花 116
重瓣黄木香 113
重阳木 188
楮 68
川楝 201
穿心玫瑰 109
垂柳 100
垂榕 76
垂丝海棠 134
垂叶榕 76

中文名索引

垂枝樱花 116
刺桂 219
刺桐 147
刺柏 20
刺客 109
刺玫花 109
刺木通 149
翠柏 23

D

大八仙花 107
大果马蹄荷 61
大红花 95
大花黄槐 144
大花金丝梅 89
大花六道木 241
大花曼陀罗 215
大花玉兰 31
大鳞肖楠 23
大纽子花 214
大叶冬青 177
大叶黄杨 172
大叶榉 64
大叶榕 74
大叶沙木 25
大叶樟 47
单瓣黄木香 113
单穗鱼尾葵 262
胆八树 90
灯台树 166
地芙蓉 96
地瓜 77
地果 77
地锦 189
地盘松 7
地琵琶 77
地石榴 77
棣棠 121
棣棠花 121
滇楸 234
滇楠 49
滇润楠 49
滇桢楠 49
吊丝榕 76
东瀛珊瑚 171
冬青 176,222
冬青卫矛 172
冬樱花 119
董棕 263
斗球 244
豆槐 146
杜英 90
杜仲 62
杜鹃 101
杜鹃花 101
杜凌霄 237
短穗鱼尾葵 261
缎子绿豆树 42
缎子木兰 42
钝叶扁柏 18
钝叶鱼尾葵 263
多花蔷薇 112
多裂棕竹 254

E

鹅掌柴 207
鹅掌楸 43
二乔玉兰 29
二球悬铃木 58
二色花藤 247

F

法国冬青 246
法桐 58
番莲 53

飞松 7
粉花绣线菊 108
粉团花 107
粉团蔷薇 112
粉叶决明 142
枫香 60
枫杨 78
枫树 60
凤凰花 142
凤凰木 145
凤凰树 145
凤凰竹 264
佛肚竹 266
富贵花 79
扶桑 95
芙蓉花 96
复羽叶栾树 191

G

高盆樱桃 119
高榕 73
高山榕 73
公孙树 2
珙桐 165
枸骨 174
构树 68
谷浆树 68
瓜子黄杨 179
观音杉 26
观音竹 252
光灰楸 234
光叶珙桐 165
光叶决明 144
光叶拟单性木兰 42
光叶子花 83
广玉兰 31
‘龟甲’冬青 178
瑰丽樱花 116
桂花 218
桧柏 20
国槐 146

H

海红 85
海桐 106
海桐花 106
海仙花 243
海州常山 216
含笑 37
含笑梅 37
含羞草叶蓝花楹 235
旱莲木 164
合掌木 61
荷花蔷薇 112
荷花玉兰 31
黑松 6
黑儿茶 137
黑荆树 137
黑竹 269
红白樱花 116
红背桂 186
红果杉 26
红果树 52,86
红合欢 138
红花木莲 35
红花山玉兰 32
红花羊蹄甲 141
红花银桦 154
红花楹 145
红花楹树 145
‘红罗宾’ 128
红木杉 12
红千层 159
红绒球 138

中文名索引

红瑞木 167
红杉 12
‘红王子’锦带花 242
红眼睛 131
‘红叶’石楠 128
红油果 52
红皱藤 212
猴枣 105
厚朴 33
厚萼凌霄 237
厚皮香 86
厚叶榕 75
狐尾椰子 259
胡颓子 152
葫芦竹 266
湖北紫荆 140
虎刺梅 184
华东茶 84
华木 96
华山松 8
华盛顿棕 251
华棕 251
槐树 146
黄槐 142
黄杨 179
黄樟 47
黄柏 16
黄葛榕 74
黄葛树 74
黄花夹竹桃 210
黄槐决明 142
‘黄金间碧’竹 267
‘黄金间碧玉’竹 267
黄金香柳 160
黄金竹 270
黄兰 36
黄兰花 36
黄连木 198
黄梅 45
黄缅桂 36
黄皮刚竹 270
黄心树 34,42
黄叶女贞 226
黄栀子 239
灰莉 208
火棘 123
火把果 123
火力楠 41
火烧尖 108
火树 145

J

‘鸡蛋花’ 211
鸡冠刺桐 148
鸡嗉子果 169
鸡爪槭 196
檵花 59
檵木 59
加拿大杨 99
加杨 99
加纳利海枣 255
加州蒲葵 251
家槐 146
家桑 67
夹竹桃 209
荚蒾 245
假槟榔 260
尖叶木犀榄 220
江边刺葵 257
结香 158
金竹 270
金包银 53
金边黄槐 143

金代 1
金钱榕 75
金钱松 4
金山棕竹 254
金丝梅 89
金丝楠 50
金丝桃 88
金腰带 227
金叶女贞 226
金银花 247
金银木 248
金银忍冬 248
筋头竹 252
锦棚花 113
锦绣杜鹃 102
九重葛 82
救军粮 123
榉树 64
巨紫荆 140
拒霜花 96

K

楷木 198
肯氏南洋杉 3
孔雀杉 11
苦丁茶 177
苦楝 202
葵树 250
阔叶箬竹 271
阔叶十大功劳 55

L

腊梅 45
蜡梅 45
蜡梅花 45
蜡树 222
蓝果树 163
蓝花楹 235
榔榆 63
老人葵 251
乐昌含笑 40
楝树 202
林刺葵 256
流苏树 221
柳杉 11
六月雪 240
卵叶榕 75
罗汉柏 17
罗汉杉 24
罗汉松 24
罗汉竹 266
罗筐桑 139
椤木 129
椤木石楠 129
洛阳花 79
落羽杉 13
落羽松 13
绿黄葛树 74
绿月季 111

M

马鼻缨 104
马褂木 43
马藤 140
马蹄荷 61
马缨丹 217
马缨杜鹃 104
马缨花 104
蚂蟥梢 108
满天星 156,240
满条红 139
蔓长春花 213
猫头竹 268
毛竹 268
毛宝巾 82

中文名索引

毛鹃 102
毛泡桐 230
毛樱花 116
玫瑰 109
梅 115
梅花 115
梅子 115
美国鹅掌楸 44
美国凌霄 237
美丽红豆杉 26
美丽针葵 257
美蕊花 138
美桐 58
美洲合欢 138
孟宗竹 268
猕猴桃 87
米兰 203
米仔兰 203
蜜果 70
缅桂 36
缅树 71
馍馍叶 140
牡丹 79
木槿 94
木莲 34,96
木通 57
木香 113
木本绣球 244
木笔 27
木菠萝 69
木芙蓉 96
木花树 28
木兰 27
木芍药 79
木犀 218
木香花 113
木香藤 113
木绣球 244

N

南方红豆杉 26
南非凌霄 236
南天竹 56
南洋杉 3
南迎春 227
鸟不宿 174
牛肚子果 69
牛筋条 131
诺福克南洋杉 3
女贞 222

P

爬墙虎 189
爬山虎 189
徘徊花 109
泡桐 231
炮仗花 238
蓬莱竹 264
皮袋香 38
枇杷 125
辟火蕉 1
飘香花 212
平柳 78
平枝灰栒子 122
平枝栒子 122
铺地柏 22
铺地蜈蚣 122
匍地柏 22
菩提树 72
蒲葵 250
朴树 65

Q

七变化 107
七里香 113

七叶树 193
七姊妹 112
麒麟刺 184
千层金 160
蔷薇 112
乔木刺桐 149
青枫 196
青木 171
‘青丝金’竹 267
青松 8
青桐 93
青榨槭 195
清香木 199
箐樱桃 119
楸树 233
球花石楠 130
全缘栾树 191
雀舌黄杨 180

R

忍冬 247
日本扁柏 18
日本黑松 6
日本珊瑚 171
日本晚樱 120
日本五须松 9
日本五针松 9
日本小檗 54
日本绣线菊 108
绒毛泡桐 230
榕树 75
软叶刺葵 257
瑞香 157

S

三角枫 194
三角梅 82
三角槭 194
三球悬铃木 58
散生竹 269
散尾葵 258
桑 67
桑树 67
沙朴 65
山茶 84
山茶花 84
山杜英 91
山矾 106
山胡椒 131
山节子 37
山麻杆 182
山木通 53
山肉桂 48
山通草 57
山桐子 97
山梧桐 97
山樱花 116
山樱桃 116
山玉兰 32
山栀 239
山栀子 38
山指甲 224
珊瑚朴 66
珊瑚树 246
扇叶葵 250
上树龙 237
芍药 79
佘山胡颓子 153
深山含笑 39
神圣的无花果 72
圣诞红 183
圣诞树 136
圣生梅 80
湿地松 10

中文名索引

十大功劳 55
十里香 38,113
石榴 161
石楠 127
石楠千年红 127
柿树 105
匙叶黄杨 180
树波罗 69
树兰 203
树梅 80
双荚黄槐 143
双荚决明 143
水杉 15
水红树 86
水石榕 92
水树 4
丝葵 251
思维树 72
四照花 168
苏铁 1
素馨花 228

T

台湾柳 135
台湾相思 135
桃 118
桃叶珊瑚 170
天竺桂 48
贴梗海棠 132
贴梗木瓜 132
铁海棠 184
铁角海棠 132
铁树 1
铁线莲 53
铁线牡丹 53
通草 57
桐 230
头状四照花 169
土肉桂 48
土杉 24

W

望春花 28,30
望春玉兰 30
乌桕 181
乌金子 221
乌竹 269
无花果 70
无患子 192
无穷花 94
梧桐 93
蜈蚣柏 17
五色梅 217
五须松 8
五叶地锦 190

X

西府海棠 133
西南花楸 126
西洋杜鹃 103
喜树 164
喜马拉雅松 5
细叶萼距花 156
细叶榕 75
细叶棕竹 253
狭叶十大功劳 55
鲜艳杜鹃 102
相思子 135
香椿 200
香柏 16
香翠柏 23
香果树 52
香叶树 52
香油果 52
香樟 46

象牙红 147
肖黄栌 185
小檗 54
小蜡 224
小茶梅 85
小佛肚竹 266
小果海棠 133
小叶女贞 223
小叶榕 75
小叶榆 63
小月季 111
孝顺竹 264
辛兰 30
辛夷 27
绣球花 107
悬铃木 58
雪柳 229
雪松 5
枸刺木 122
Y
偃柏 22
艳紫荆 141
杨梅 80
洋常春藤 205
洋玉兰 31
洋紫荆 141
痒痒树 155
野山红 101
叶子花 82
一品红 183
一球悬铃木 58
异叶南洋杉 3
阴绣球 107
银桦 154
银杏 2
银边八仙花 107
银海枣 256
银荆树 136
印度胶榕 71
印度菩提树 72
印度榕 71
印度橡皮树 71
英桐 58
樱花 116
樱李 114
鹦哥花 149
迎春 227
迎春花 227
迎春树 30
映日果 70
映山红 101
硬骨凌霄 236
优昙花 32
鱼骨松 136
鱼尾葵 260
玉兰 28
鸳鸯花 247
元宝 78
圆柏 20
月季 110
月季花 110
月月红 111
云南含笑 38
云南黄馨 227
云南楠木 49
云南拟单性木兰 42
云南欧李 119
云南山楂 124
云南松 7
云南梧桐 93
云南五针松 8
云南紫荆 140

中文名索引

Z

杂种叶子花 83
栽秧花 89
展毛野牡丹 162
樟树 46
沼柏 14
浙江樟 48
栀子 239
中东海枣 256
中华常春藤 206
中华猕猴桃 87
柊树 219
皱皮木瓜 132
朱果 105
朱槿 95
朱砂玉兰 29
朱缨花 138
珠木树 86
猪血柴 86
猪油木 25
竹柏 25
竺香 48
梓树 232
紫荆 139
紫楠 50
紫藤 150
紫薇 155
紫竹 269
紫花泡桐 230
紫棉木 185
‘紫叶’李 114
紫玉兰 27
紫株 139
棕 249
棕榈 249
棕榈竹 252
棕树 249
棕竹 252
醉香含笑 41

拉丁学名索引

A

Abelia×grandiflora 241
Acacia confuse 135
Acaia dealbata 136
Acaia mearnsii 137
Acer buergerianum 194
Acer davidii 195
Acer palmatum 196
Actinidia chinensis 87
Aesculus chinensis 193
Aglaia odorata 203
Akebia quinata 57
Alchornea davidii 182
Araucaria cunninghamii 3
Araucaria heterophylla 3
Artocarpus heterophyllus 69
Aucuba chinensis 170
Aucuba japonica 171

B

Bambusa multiplex 264
Bambusa ventricosa 266
Bauhinia blakeana 141
Berberis thunbergii 54
Bischofia polycarpa 188
Bougainvillea×buttiana 83
Bougainvillea glabra 83
Bougainvillea spectabilis 82
Broussonetia papyrifera 68
Brugmansia suaveolens 215
Buxus bodinieri 180
Buxus sinica 179

C

Calliandra haematocephata 138
Callistemon rigdus 159
Calocedrus macrolepis 23
Camellia japonica 84
Camellias asanqua 85
Campsis radicans 237
Camptotheca acuminate 164
Caryota mitis 261
Caryota monostachya 262
Caryota obtuse 263

Caryota ochlandra 260
Cassia bicapsularis 143
Cassia floribunda 144
Cassia surattensis 142
Catalpa bungei 233
Catalpa fargesii f. *duclouxii* 234
Catalpa ovate 232
Cedrus deodara 5
Celtis julianae 66
Celtis sinensis 65
Cercis chinensis 139
Cercis glabra 140
Chaenomeles speciosa 132
Chamaecyparis obtuse 18
Chimonanthus praecox 45
Chionanthus retusus 221
Chrysalidocarpus lutescens 258
Cinnamomum camphora 46
Cinnamomum japonicum 48
Cinnamomum porrectum 47
Clematis florida 53
Clerodendrum trichotomum 216
Codiaeum variegatum var. *pictum* 187
Cornus controversa 166
Cornus alba 167
Cotonester horizontalis 122
Crataegus scabrifolia 124
Cryptomeria fortunei 11
Cuphea hyssopifolia 156
Cycas revoluta 1

D

Daphne odora 157
Davidia involucrata 165
Davidia involucrata var. *vimloriniana* 165
Delonix regia 145
Dendrobenthamia capitata 169
Dendrobenthamia japonica var. *chinensis* 168
Dichotomanthes tristaniaecarpa 131
Diospyros kaki 105

E

Edgeworthia chrysantha 158
Elaeagnus argyi 153
Elaeagnus pungens 152
Elaeocarpus decipiens 90
Elaeocarpus hainanensis 92

Elaeocarpus sylvestris 91
Eriobotrya japonica 125
Erythrina arborescens 149
Erythrina crista-galli 148
Erythrina variegate 147
Eucommia ulmoides 62
Euonymus japonicus 172
Euphobia cotinifolia 185
Euphobia milii 184
Euphobia pulcherrima 183
Exbucklandia populnea 61
Exbucklandia tonkinensis 61
Excoecaria cochinensis 186

F

Fagraea ceilanica 208
Fatsia japonicas 204
Ficus altissima 73
Ficus benjamina 76
Ficus carica 70
Ficus elastica 71
Ficus microcarpa 75
Ficus microcarpa var. *crassilolia* 75
Ficus religiosa 72
Ficus tikoua 77
Ficus virens 74
Ficus virens var. *sublanceolata* 74
Firmiana major 93
Firmiana simplex 93
Fontanesia fortunei 229

G

Gardenia jasminoides 239
Ginkgo biloba 2
Grevillea banksii 154
Grevillea robusta 154

H

Hedera helix 205
Hedera nepalensis var. *sinensis* 206
Hibiscus mutabilis 96
Hibiscus rosa-sinensis 95
Hibiscus syriacus 94
Hydrangea macrophylla 107
Hydrangea macrophylla var. *maculata* 107
Hypericum beanii 89
Hypericum moseramum 88
Hypericum patulum 89

拉丁学名索引

I

Idesia polycarpa 97

Ilex cornuta 174

Ilex crenata 'Convexa' 178

Ilex latifolia 177

Ilex purpurea 176

Indocalamus latifolius 271

J

Jacaranda mimosifoia 235

Jasminum grandiflorum 228

Jasminum mesnyi 227

Jasminum nudiflorum 227

K

Kerria japonica 121

Koelreuteria bipinnata 191

Koelreuteria bipinnata var. *integrifolia* 191

L

Lagerstroemia indica 155

Lantana camara 217

Ligustrum lucidum 222

Ligustrum quihoui 223

Ligustrum sinense 224

Ligustrum×*vicaryi* 226

Lindera communis 52

Liquidambar formosana 60

Liriodendron chinense 43

Liriodendron tulipifera 44

Livistona chinensis 250

Lonicera japonica 247

Lonicera maackii 248

Loropetalum chinense 59

M

Machilus yunnanensis 49

Magnolia biondii 30

Magnolia liliiflora 27

Magnolia delavayi 32

Magnolia delavayi f. *rubra* 32

Magnolia denudata 28

Magnolia grandiflora 31

Magnolia officinalis 33

Magnolia officinalis ssp. *biloba* 33

Magnolia×*soulangeana* 29

Mahonia bealei 55

Mahonia fortune 55

Malus hulliana 134

Malus hulliana var. *parkmanii* 134

Malus hulliana var. *spontanea* 134

Malus×micromalus 133
Mandevilla×amabilis 212
Manglietia fordiana 34
Manglietia insignis 35
Melaleuca bracteata 160
Melastoma normale 162
Melia azedarach 202
Melia toosendan 201
Metasequoia glyptostroboides 15
Michelia alba 36
Michelia champaca 36
Michelia chapensis 40
Michelia figo 37
Michelia macclurei 41
Michelia maudiae 39
Michelia yunnanensis 38
Morus alba 67
Mucuna sempervirens 151
Myrica nana 81
Myrica rubra 80

N

Nageia nagi 25
Nandina domestica 56
Nerium oleander 209
Nyssa sinensis 163

O

Olea ferruginea 220
Osmanthus fragrans 218
Osmanthus heterophyllus 219

P

Paeonia lactiflora 79
Paeonia suffruticosa 79
Parakmeria nitida 42
Parakmeria yunnanensis 42
Parthenocissus quinquefolia 190
Parthenocissus tricuspidata 189
Paulownia fortunei 231
Paulownia tomentosa 230
Phoebe sheareri 50
Phoenix canariensis 255
Phoenix roebelenii 257
Phoenix sylvestris 256
Photinia davidsoniae 129
Photinia glomerata 130
Photinia serrulata 127
Photinia×fraseri 'Red robin' 128
Phyllostachys edulis 268
Phyllostachys nigra 269

Phyllostachys sulphurea 270
Pinus armandii 8
Pinus elliottii 10
Pinus parviflora 9
Pinus thunbergii 6
Pinus yunnanensis 7
Pinus yunnanensis var. *pygmaea* 7
Pistacia chinensis 198
Pistacia weinmannifolia 199
Pittosporum tobira 106
Platanus×*acerifolia* 58
Platanus occidentalis 58
Platanus orientalis 58
Platycladus orientalis 16
Plumeria rubra 'Acutifolia' 211
Podocarpus macrophyllus 24
Populus×*canadensis* 99
Prunus cerasifera 114
Prunus cerasifera 'Pissardii' 114
Prunus cerasoides 119
Prunus lannesiana 120
Prunus mume 115
Prunus persica 118
Prunus serrulata 116
Prunus serrulata f. *albo-plena* 116
Prunus serrulata f. *albo-rosea* 116
Prunus serrulata f. *pendula* 116
Prunus serrulata f. *rosea* 116
Prunus serrulata f. *superba* 116
Prunus serrulata var. *pubescens* 116
Prunus serrulata var. *spontanea* 116
Pseudolarix amabilis 4
Pterocarya stenoptera 78
Punica granatum 161
Pyracantha fortuneana 123
Pyrostegia venusta 238

R

Rhapis excelsa 252
Rhapis humilis 253
Rhapis mutifida 254
Rhododendron delavayi 104
Rhododendron hybrida 103
Rhododendron pulchrum 102
Rhododendron simsii 101
Rosa banksiae 113
Rosa banksiae f. *lutescens* 113

Rosa banksiae var. *albo-plena* 113
Rosa banksiae var. *lutea* 113
Rosa chinensis 110
Rosa chinensis f. *mutabilis* 111
Rosa chinensis var. *minima* 111
Rosa chinensis var. *semperflorens* 111
Rosa chinensis var. *viridiflora* 111
Rosa multiflora 112
Rosa multiflora f. *carnea* 112
Rosa multiflora f. *platyphylla* 112
Rosa multiflora var. *cathayensis* 112
Rosa rugosa 109

S

Sabina chinensis 20
Sabina procumbens 22
Salix babylonica 100
Sapindus mukorossi 192
Sapium sebiferum 181
Sassafras tzumu 51
Schefflera heptaphylla 207
Serissa japonica 240
Siquoia sempervirens 12
Sophora japonica 146
Sorbus rehderiana 126
Spiraea japonica 108

T

Tamarix chinensis 98
Taxodium ascendens 14
Taxodium distichum 13
Taxus wallichiana var. *mairei* 26
Tecomaria capensis 236
Ternstroemia gymnanthera 86
Thevetia peruviana 210
Thujopsis dolabrata 17
Toona sinensis 200
Trachycarpus fortune 249

U

Ulmus parvifolia 63

V

Vallaris indecora 214
Viburnum dilatatum 245
Viburnum macrocephalum 244
Viburnum odoratissimum var. *awabuki* 246
Vinca major 213